企業管理概論

第2版

概論

朱延智 博士 著

五南圖書出版公司 印行

企業的經營管理從對環境的認識與評估，行銷計畫與生產作業的安排，人力的獲得與維持，財務調度與週轉，資訊的蒐集與處理，研究發展的規劃與實施，危機預防體系的建構與運作，遠景的擘畫與領導，可以說是一件非常複雜的工程。而且如何充分發揮各個部門的功能，以及協調部門與部門之間的互動關係，更是企業常面臨的問題。所以日本的平均企業壽命，只有三十年；我國則不到二十年。

一個企業的經營尚且如此複雜，那麼跨國公司、國家以及國際多邊組織的管理，就更為複雜了！依此類推，那麼人類所住的地球，或者整個宇宙，其複雜度將遠遠的超過，企業的經營與管理範疇。以太陽為中心的太陽系為例，有九個行星以順時鐘方向繞太陽旋轉。其中一個行星——地球，以時速六萬七千哩之勢，在太空中奔馳，而以三百六十五天繞太陽一周。想到自強號火車的時速，不及它的千分之一，尚且還常常誤點，而這些行星的運轉，卻絲毫不差。假如：地球和太陽的距離，因誤差而縮短或拉長百分之十，其上所有的生物，不是被曬死，就是被凍僵。所以太陽、月亮、地球精準絲毫不差的距離及轉動，指明有一個奇妙精準的設計，否則其結果遠非「明日過後」的電影，所能比擬，那麼究竟是誰在管理宇宙，讓它如此精準運行？

吾人提出宇宙運行的管理，與企業管理的關聯度，就是要說明管理的精義，是滲透到每一個層面，不是只有在企業裡面才有管理，像政府機構或大專院校，甚至連宇宙裡面都有管理，只是我們忽略這位全能創造者的存在而已！管理學的世界博大精深，在各種組織裡，都可以見到管理知識在運作的事實。未來，很多同學在畢業後，除了

在企業工作以外，也很可能進入到政府機構，甚至循著官僚體系的升遷成為國家重要的領導人，屆時也不要忽略企業的管理，可以運用到政府機構中或其他領域。

本書以有系統的方式，在理論與實務兼顧的前提下，介紹企業管理的觀念和工具，目標是幫助您成為一位，有效的企業管理者，以及具有披荊斬棘的企業家精神（Entrepreneurship）。因此本書適合作為大學院校，「企業管理」、「企業管理概論」或「管理學」的相關課程教材。

本書能夠完成，若非五南圖書公司的大力協助，是絕對無法完成，尤其是張副總編輯毓芬小姐的幫助與鼓勵，更讓我由衷的感激。此外，編輯侯家嵐小姐的用心，使得本書得以再版，在此一併表達感謝。此外，在本書撰寫過程中，因才疏學淺，故謬誤之處在所難免，尚祈先進與讀者不吝指正，電子郵件信箱是：yjju@mdu.edu.tw。

朱延智

明道管理學院管理研究所暨企管系

第 1 章 緒論 / 1

1.1 企業與公司的意義 3

1.2 企業管理的功能 4

1.3 企業管理的關鍵角色 12

1.4 企業類型的分類 15

1.5 企業發展的核心要素 16

1.6 企業道德 18

腦力大考驗 22

第 2 章 企業經營環境 / 23

2.1 經營環境的變化 25

2.2 總體環境──經濟環境 28

2.3 全球化的企業經營環境 31

2.4 總體環境──政治環境 34

2.5 總體環境──法律環境 37

2.6 總體環境──科技環境 39

2.7 產業結構環境 41

2.8 任務環境 47

腦力大考驗 50

第 3 章 生產與作業管理 / 51

3.1 生產與作業管理意義、功能、目標 53

3.2 產品生命週期與生產 57

3.3 產品開發 59

3.4 廠址規劃 64

3.5 現代生產管理新觀念 68

3.6 生產過程 71

3.7 存貨管理 76

目錄

3.8　服務業管理　77

腦力大考驗　82

第4章　行銷管理／83

4.1　消費者購買程序　85

4.2　行銷前的準備　88

4.3　市場區隔與市場定位　93

4.4　產品　96

4.5　行銷計畫　99

4.6　價格　102

4.7　通路　107

4.8　推廣　110

4.9　避免行銷錯誤　115

腦力大考驗　118

第5章　人力資源管理／119

5.1　企業生命週期與人力資源規劃　121

5.2　企業家精神　124

5.3　人力資源規劃　125

5.4　人力資源工作重心　130

5.5　招募　136

5.6　甄選　140

5.7　企業訓練　143

5.8　績效評估　146

5.9　薪資福利　149

腦力大考驗　153

企業管理概論

第6章 研發管理 / 155

6.1 企業研發的重要性 157

6.2 研發管理 159

6.3 創新 162

6.4 創新研發實力評估 164

6.5 「研究發展」的「績效」評估 167

6.6 研發人才條件 170

6.7 研發管理困難 172

腦力大考驗 177

第7章 財務管理 / 179

7.1 財務管理的意義與目標 181

7.2 融資 185

7.3 營運資金管理 190

7.4 財務分析與危機避免 193

7.5 台商財務管理 198

腦力大考驗 201

第8章 策略管理 / 203

8.1 策略概論 205

8.2 策略規劃的過程 208

8.3 策略規劃常用工具 217

8.4 策略執行與評估 225

8.5 策略聯盟 228

8.6 藍海策略 230

腦力大考驗 233

第 **9** 章　企業危機管理 / 235

9.1　企業危機管理概論　237

9.2　危機管理重要性、思考模式　239

9.3　企業危機預防──強化企業體質　243

9.4　危機管理客觀規律　246

9.5　危機時刻決策　254

腦力大考驗　256

第 **10** 章　領導 / 257

10.1　領導的環境、典範、意義　259

10.2　領導模式與性質　263

10.3　領導者應有的修練　266

10.4　如何領導新世代年輕人　271

10.5　轉型領導的意義、需要、困難　272

10.6　領導人應有的彈性　275

腦力大考驗　285

第 1 章

緒

論

　　順德工業是一家走過一甲子的公司，也是台灣五金加工產業，發展的縮影。

　　在民國30年代，台灣沒有真正的鉛筆刀，窮苦人家只能用鐵片，或柴刀來削鉛筆。順德創辦人發現，他在日本所學的技術，正可用來做刀殼、刀柄。民國42年，陳水錦以積蓄3,000元，加上借來的6,000元，在一間不到10坪的竹造工廠，連同老婆、兒子、女兒六個人，就這麼創業了。儘管刀片可以進口，技術也不成問題，但其他金屬材料從哪裡來？創辦人想到空罐所產生的廢料（俗稱「下腳料」），沖壓成鉛筆刀的刀把、刀叉，刀片則用日本進口。

　　民國55年，順德在彰化大埔路，買了450坪土地來擴廠，並增購熱處理設備，靠著自行研發、組裝，完成自動化的送料系統。從沖壓、研磨、鉋光全都自己來，讓刀片真正國產化，不久就開始外銷，擴大市場規模。民國56年，順德製造所改組，更名為順德工業股份有限公司。為何改名順德？因為當時創辦人希望做人、做事，都要順著道德做，這就是公司取名「順德」的原因。隨著新廠的擴建，順德業績快速成長，一天的產量，也暴增到二、三萬支。

　　順德第一次的創新轉型，是將沖壓及熱處理技術，運用到迴紋針、長尾夾、鋼珠圓規、圖訂、釘書機等文具。第二次的創新轉型，是發展導線架，並積極打入美國通用器材供應商的行列。這兩次的轉型成功，帶動整體公司營運規模的快速成長。也因此在民國85年，順德成功在台掛牌上市，民國86年並在江蘇設廠，正式成為橫跨兩岸的事業規模。近幾年，公司更積極投入研發，並制定兩岸的分工策略，大陸主要以汽車、家電產業為主；台灣則鎖定高階特殊用途產品，如類陶瓷複合材料的開發，抗光衰、耐腐蝕等，以滿足節能電器、電動車控制元件等需求。順德集團企圖在2018年，合併營收能達到200億元的目標。

1.1 企業與公司的意義

「企業」是人類組織中，極為重要的一環，企業不僅是經濟活動中的經營主體，在社會活動中，同樣扮演著重要的角色。企業經營良窳程度，既關係著企業本身的生存與發展，但同時也關係到政府的稅收，以及員工家庭的生活開支與購買力。

每個國家都有企業，而企業的表現差異，就決定著該國整體的經濟發展與匯率高低。匯率高低與經濟發展，又關係著該國的購買力，並制約著消費型態。在中華民國經濟發展過程中，為數眾多的中小企業，在我國經濟發展上，一直扮演著重要的角色：例如，戰後在台灣產業重建與發展的階段，政府推動土地改革，並以國內市場為主，發展各種重要產業，再加上一起隨政府來台的技術人力與資本，配合當時已有的基礎建設，以及成功運用美援等，因而使我國逐步脫離貧窮。企業在整個經濟發展的過程，運用當時台灣農村過剩的人力，提供了家庭工業一個發展的契機。換言之，國家的貧富，與企業是否能成長，兩者息息相關。

在本質上，企業的經營，營利必然是重要目標，否則一個無法產生利潤的企業體，它的存在對員工、股東、社會又有何意義？儘管利潤是不可或缺的，但企業不應以營利為唯一目的，為了永續生存，而應在符合社會倫理的前提下，追求最佳的經濟利益，如此企業才能穩定經營與長期發展。畢竟從結果而論，企業回饋給社會的越多，社會給企業的支持度就越強。

「企業」是一個創造利潤的單位，它可以將經濟上的生產要素（生產要素計有四種：勞力、資金、土地及企業精神），轉化為滿足人類不同需求的實質商品。譬如：將木材變成家具，將蔬果變成佳餚，或是民眾生活所需的各種現代科技產品。企業與公司

（corporation）在意義上，雖然同是就業機會的主要提供者，但是兩者之間，仍有一定的程度差異。因為公司是依據公司法的相關規定，所設立而成的社團法人，不僅有獨立法人地位的企業組織型態，更具備「經營權」與「所有權」分離的特性，也由於公司具備這種特性，所以所有權移轉較為容易。

1.2 企業管理的功能

企業管理（business management）是「企業」（business）與「管理」（management）二詞合併而成，因此在說明企業管理的功能時，必須從「企業」與「管理」兩個角度出發，如此才能更深入企業管理的核心。基本上，管理是指「管理者透過方法（規劃、組織、領導、用人、控制），藉由他人（被管理者）的力量，來達成目標」。「企業管理」的精神，就是「透過規劃、組織、領導及控制等管理功能，來提升行銷、人事、生產、財務與研究發展等績效的過程。」以下透過兩方面的敘述，來加以說明企業管理的功能。

1.2-1 企業功能

企業為達成組織目的，必須建立功能性功能，包括產、銷、人、發、財等功能，這也就是一般所號稱的「企業五管」。企業功能涵蓋面相當廣，傳統的「企業五管」，實際上已不足以說明，時下企業的發展。目前新的企業管理，則涵蓋策略管理、危機管理及企業領導等重要面向，所以本書以專章詳述。以下就企業的基本功能，加以說明：

（一）生產／作業管理（production and operation management）

原來生產管理未將服務業納入，目前已將生產管理擴大爲生產與作業管理。以中華民國爲例，台灣服務業產值占國內生產毛額比重已經超過70%，服務業已經是台灣最重要的產業。生產／作業管理的內涵，指的是生產產品，或提供服務的過程，包括採購、發包、廠址選擇、設施布置、工作安排、品質管制、設備維護及存貨管理等。

（二）行銷管理（marketing management）

掌握消費者潛在需求，並透過行銷加以滿足，它是指產品從生產者到消費者間的交易分配，或提供服務的相關活動，包括4P（產品、通路、促銷、價格）。

（三）人力資源管理（human resource management）

人是組織中最重要的資源，它在組織中具有戰略性的地位。企業組織中一切與人有關的管理，包括人力規劃（員工數目）、招募、甄選、任用（職務種類）、訓練（員工技能）、薪資、福利、績效評估、勞資關係等，使員工得以在組織中得到發展。

（四）研發（research & development management）管理

爲提升企業的競爭力，針對新產品、新技術、新市場、新製程、新服務等所作的研究、開發與設計的活動。

（五）財務管理（finance management）

掌握企業各項活動所需的資金，對內進行資金的規劃、調度、控制；對外資金的籌措與處理等活動。

（六）策略管理（strategic management）

策略管理係指組織運用適當的分析方法，確定組織目標和任務，形成發展策略，並執行其策略和進行結果評估，以達成組織目標的過程。一般對企業而言，當涉及策略管理時，多半都脫離不了「目標」、「計畫」和「行動」等要素。

（七）危機管理（crisis management）

在這個瞬息萬變的時代中，從政府機構到私人企業，誰也無法保證自己，絕對不會碰到突如其來的意外（如：2011年日本的311大地震、2013年菲國超級大颱風或泰國政局激烈動盪），尤其在全球化競爭的時代，面對十倍速的激烈競爭，因此如何不被市場淘汰，就更加凸顯企業危機管理的重要性。「破窗理論」曾推演一棟建築物，如果有一扇窗戶破損，而不立即修復，經過的路人，可能會以為這棟建築物沒有人管理，這社區的人民漠不關心，其可任意破壞殆盡，如果繼續惡化，則整棟建築物與整個社區，亦將岌岌可危。如果一看到「破窗」就立即修復，危機自會降低。

 ### 1.2-2　管理功能（management function）

「管理」所講求的是「把事情做對」（Do the thing right.），同時也講求事情的「效率」（efficiency）。因此，所有的經理人應執行規劃、組織、用人、領導、控制等五項管理功能，並運用智慧來達到企業的預定目標。目前「管理」本身在實務界極為重要，各級人員也普遍感到，提升管理知能的迫切性，因此學管理的人，是越來越多。

「管理功能」涵蓋的範圍，主要是規劃、組織、領導，用人與控制等。

（一）規劃（planning）

　　規劃可以增加經營成功的機會，使管理者有效掌握市場的變化，並使企業目標更易達成。由於規劃是動態的過程，一旦規劃完成後的具體方案，則稱為計畫。故規劃為因，計畫為果。

　　每個企業都要確定組織的目標，進而擬定步驟，發展整體計畫體系，建立達成目標的全方位策略，並選擇達成企業目標的相關程序，以完成企業所預定的目標。規劃過程中，著重於組織的目標，年度（或短、中、長程）的計畫，編列預算。要規劃，就需要經過規劃分析，沒有分析的規劃，很可能為組織帶來災難。

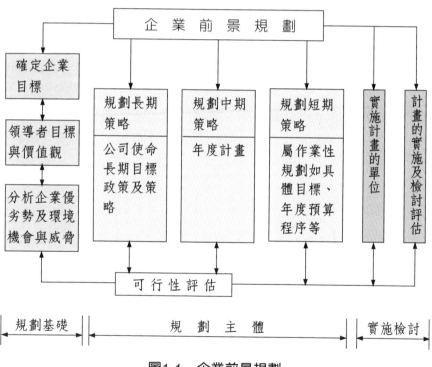

圖1-1　企業前景規劃

（二）組織

　　單位或機構為了實現內部群體的共同目標，而將人、事、物做最適當的組合。企業在成立之初，首要決定的，便是組織架構的確立。在全球化競爭激烈的時代，單打獨鬥是不合宜的，它需要的是團隊合作的組織模式。今天這些組織模式有扁平式組織，層次高挑式組織，及網路組織。依據不同業務，將企業組織劃分為若干部門，並確定各部門的執掌與職責，達成分工合作的目的，這是每一項組織結構的核心。

　　組織要發揮功能，在編制組織時，就應注意五個部分。一是確認組織目標，二是決定分工方式，三是決定協調的方式，四是決定直接管轄部屬的人數，五是決定授權。

　　葛拉威爾（Malcolm Gladwell）的《引爆趨勢》，談到一些觀念、行為、訊息及產品需求，會經常會像傳染病一樣，突然發作蔓延。轉變可能在一夕之間發生，甚至可能是所有人，最難接受的一種轉變，但當數量達到關鍵水準，跨越門檻，達到沸點，就有可能發生。像這一類的變化，唯有群策群力的組織團隊，才具備「適者生存」的特質。

（三）領導

　　領導激發組織中的員工，有效達成組織的任務與目標。領導講求的是，「做對的事情」（Do the right thing），也就是說，「方向」是對的。然而，不同的時代，企業所著重的「對」，在本質是有所不同的。繼「農業革命」、「工業革命」以及「資訊革命」之後，目前所處的「知識革命」時代，正是浪潮澎湃，這個時代的特質是，「十倍速變化的時代」、「超競爭優勢的時代」（hyper-competition）以及「高度脈動速度時代」（fast-clockspeed）。在這個時代的領導重心也有所不同，尤其是企業領導人，應朝十大特質發展：建立遠景、

資訊決策、配置資源、有效溝通、激勵他人、人才培養、承擔責任、誠實守信、事業導向、快速學習。

　　此外，決策是領導的靈魂，也是領導過程中，最核心的成分。因為企業的盛衰，都在於領導人的決策。現代企業經營管理的決策，涵蓋複雜性、多樣性。因此，在組織中如何下決策，是非常重要的管理活動。決策品質高，就可提升生產活動，加速解決問題的速度，並可提升組織的效能。但是，在組織內下決策，通常不是件容易的工作，特別是決策者常受限於，他們的認知能力及知識領域，所以就可能會產生某種程度的偏差；更何況決策者所下的決策，常是在時間壓力下進行的，出錯的可能性更高。

　　以決策影響範圍和重要程度的差異，可分為戰略決策和戰術決策。戰略性決策是指對企業發展方向，經營方針、新產品開發等決策。譬如，宏碁曾經靠著小筆電的成功出擊，但是當平板電腦iPad問世後，宏碁陷入掙扎，究竟要往平板電腦走，還是要角逐智慧型手

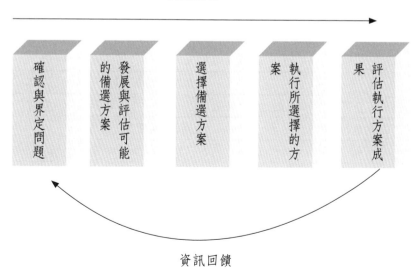

圖1-2　企業方案的決策流程

機？決策進退維谷。此時的決策，就屬於戰略性決策。戰術性決策譬如像企業原物料，和機器設備的採購，生產、銷售的計劃、商品的進貨來源、人員的調配等，都屬於此類決策。企業的戰術決策，一般由企業中層管理人員所做出。

（四）控制

　　企業處在一個「開放系統」，組織的一切運作，完全受內部與外部環境交互影響。企業必須了解組織，面臨各種環境所產生的影響，才能有效的執行管理與控制等功能。內部控制制度的目的，係在對營運的效果及效率（含獲利、績效及保障資產安全等）、財務的可靠性，及相關法令的遵循等目標的達成，提供合理的確保。在控制的領域，應完成四件事，一、建立衡量標準，二、衡量實際績效，三、比較實際績效，四、修正行動。

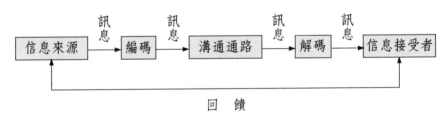

		管理的功能				
		規劃	組織	用人	領導	控制
企業、公司的功能	生產/作業	生產/作業管理				
	行銷	行銷管理				
	人力資源	人力資源管理				
	研發	研發管理				
	財務	財務管理				
	策略	策略管理				
	預防危機	危機管理				

圖1-3　企業與管理功能矩陣圖

　　管理控制有兩種主要型態，一是預防控制，二是矯正控制。但如果從時間為區分，則可分為事前控制、事中控制及事後控制。無論哪一種控制，控制的過程中，溝通是成功與否的關鍵。溝通（communication）是指利用各種方法將資訊、觀念、知覺、態度等傳達給他人，以達成共同理解的活動。溝通的類別可分為四大類，下行溝通（downward communication）、上行溝通（upward communication）、平行溝通（horizontal communication）、斜向溝通（diagonal communication）等。

1. 下行溝通：

　　這種方式的溝通，是指上級主管對下級人員，所做的傳達與指示，例如：發布命令、計畫的實施、政策等。

2. 上行溝通（upward Communication）：

　　係指下級人員以報告或建議書等，向上級反映其意見、觀念。

3. 平行溝通：

　　是指組織內同層級，或部門間的溝通，例如：(1)員工間的溝通；(2)管理者內之間的溝通，通常可節省時間和促進協調。

4. 斜向溝通（diagonal communication）：

　　係指組織內不同層級部門間，或個人的溝通，例如：行銷經理與品管課長之間的往來。

　　企業在溝通的過程中，有七項構成要素：(1)信息來源；(2)訊息；(3)編碼；(4)溝通通路；(5)解碼；(6)信息接受者；(7)回饋，這一個過程，便是溝通的重要程序模式。

（五）用人

　　企業的成長，在於是否用對人。反之，企業的衰落，人也是主要

原因。宏碁早期的成長，跟它的團隊有密切關係。2013年大賠百億以上，也和用人脫離不了關係。因此知人善任是企業，永續經營所不可或缺的關鍵。

1.3 企業管理的關鍵角色

　　能夠獲利的企業，尤其是在逆境的市場競爭中，七種戰鬥力是關鍵。第一種是高瞻遠矚的領導力，因它能洞察時代潮流，掌握未來脈動。第二種是解決問題的能力，尤其是對於特定需求及問題，能提出具體解決方案的能力。第三種是蒐集、整理、分析與解讀市場訊息的能力。第四種是具象力，也就是能將概念文字化及圖像化，形成細部執行步驟的能力。第五種是讓組織成員對構想，達成共識與認同的說服力。第六種是完成計畫構想的組織力。第七種是克服困境的執行力。以上這七種戰鬥力是否能夠發揮，企業的管理者是樞紐關鍵。

　　企業內部的每個人，無論是作業員、班長、組長、課長、經理、協理、副總經理、總經理、總裁及董事長，都扮演某種角色。企業的成功，就是這些角色所形成的團隊，能夠共同合作來主宰市場，滿足消費者。

　　真正發揮企業管理功能者，主要由不同類型的經理人來扮演。以下依企業功能來說明各類經理人：

（一）總經理（general manager）

　　總經理意指負責公司整體經營管理，及企業營運最後成果者，其所需的能力，包括企業功能別，與管理功能別之知識才能。（「企業功能」指行銷、生產、研究發展、人力資源、財務會計、資訊、採構。管理功能指計畫、組織、用人、指導、控制）。

（二）企劃經理（planning manager）

　　企劃經理涵蓋很廣，主要包括公司事業部（division）負責人、高階企劃幕僚（top planning staff）人員、及集團之事業群（product group）負責人，負責公司發展方向的總體企劃、政策戰略的擬定和執行、業務的管制考核及績效的評估等。

（三）行銷經理（marketing manager）

　　職掌公司或集團市場情報資訊蒐集分析、預測、公司之市場定位、行銷策略之訂定、推動產品發展活動、建立銷售及服務通路、廣告促銷、銷售管理等工作之負責人員。

（四）生產經理（production manager）

　　職掌公司或集團生產規劃與管制、成本降低、品質管制、原材料零配件採購及物料管理、現場改善、工業安全衛生、環保、勞工關係等工作之負責人員。

（五）財務經理（financial manager）

　　職掌公司或集團財務與會計制度及內部控制制度之建立、成本計畫及控制、績效分析、投資專案之評估、資金來源與運用之規劃與管理、信用管理、稅務規劃、財務會計人才之培訓等整體財務管理之負責人員。

（六）研究發展經理（R & D manager）

　　職掌公司或集團研發管理體系的建立、新產品、新原料、新製程、新設備、新檢驗等技術的開發及改良、研發專案管理制度、研發人才的培訓與運用、研發資源的統籌與分配、論文及專利申請卓有績效等工作之負責人員。

（七）人力資源經理（human resources manager）

職掌公司或集團選才、用才、育才、晉才、留才等工作內容，具有人員招募與培訓、完善薪資結構與獎懲制度、公平合理的升遷制度、員工福利與庶務行政等工作之負責人員。

（八）資訊經理（information technologic manager）

職掌公司或集團電腦、電訊、網際網路、硬體及軟體系統的建立、運作以及改善，以支援公司全面辦公室自動化：公司的整體電腦化作業系統、供應鏈管理系統，及顧客關係管理系統。

表1-1　企業經理人管理能力釋例

管理能力	功　能	說　明
策略能力	前瞻思考、找出活路	宏碁找到新的發展方向
人際能力	溝通協調、士氣鼓舞	領導團隊動起來
技術能力	專業	智慧財產權或產、銷、人、發、才等領域

除了以上八大類的職位外，目前因應全球化時代的運籌，以及大陸市場的開拓等兩項特性，在企業內較具中華民國特色的經理職位，尚有大陸台商經理（Taiwan manager in Mainland China），以及全球華商經理（global Overseas-Chinese manager）。前者的職掌是，中華民國企業在中國大陸投資公司的整體經營管理，及企業營運最後負責成果者，其能力包括企業功能別及管理功能別。後者則是全球華商經理，職掌中華民國及中國大陸以外，各地區華人企業公司的整體經營管理。

1.4　企業類型的分類

　　企業與人類生活息息相關，它提供了人類日常生活所需，同時也提供了大量的就業機會，對人類文明的發展，具有不可磨滅的價值。對於這樣一個重要的人類組織，究竟應該如何分類，才能讓人快速了解？常用的作法，是從法律與業主權利義務的角度，不過在實質上，仍存在其他很多的分類法。

　　根據法律與業主權利義務差異，所歸納的類型有獨資企業、合夥企業及公司等三種。

（一）獨資企業

　　這是最單純的一種企業型態，在經營過程中的決策，可由資本主全權決定，而且它的權力義務與相關責任，都是由一人來承擔。但也因此負有無限清償的責任。獨資企業決策快，執行力高，可隨市場調整營運方向。但獨資因無其他股東提供商議，決策也可能獨斷專行，資金能力也可能不足，這是獨資的缺點。

（二）合夥企業

　　顧名思義就是由兩人，或兩人以上共同出資，依商業登記法規定，向各地縣市政府辦理登記，請領營業登記證。由於是合夥企業，因此財務來源相對較多。這一類型的企業，儘管每一合夥人出資有所不同，但都要負完全責任。特別是當企業資產無法償還債務時，每一個合夥人，都有共同清償的責任。

（三）公司

　　依據公司法第一條規定，公司是指以營利為目的，依照公司法進

行登記、成立的社團法人。目前是全球企業中的重要類型，可再細分為無限公司、有限公司、兩合公司及股份有限公司四種。無限公司指二人以上股東所組織，對公司債務負連帶無限清償責任之公司；有限公司則由一人以上的股東所組成，就其出資額爲限，對公司負其責任之公司；兩合公司是指由一人以上無限責任股東，和一人以上有限責任股東組成的，無限股東要負無限清償責任，而有限股東僅需負有限責任；股份有限公司是全部資本分爲股份，股東就其所認股份，對公司負其責任之公司。

表1-2　我國公司法規定（公司是營利的社團法人）

種類	無限公司	有限公司	兩合公司	股份有限公司
組成股東人數	二人	一人以上	二人	二人以上
責任	對公司債務負無限清償責任	依出資額負責	一人無限責任，一人有限責任	依所認股份負責

1.5　企業發展的核心要素

　　企業發展要顧及的面向很多，歸納具發展潛力的企業，大都離不開以下所列的二十一種特質。如果能有制度、有步驟的將這些核心要素推動，企業的發展是指日可待。這些重要的關鍵是，以下二十一項。

(1) 有明確且正確的策略目標，能充分掌握顧客需求，並能主導市場；

(2) 有完善達成目標的手段與策略；

(3) 健康的企業文化，工作氣氛明朗、自由，人員態度親切，環境井然有序；

(4) 能夠面對挑戰、承受失敗，重新迎接挑戰；

(5) 各部門員工士氣高昂；

(6) 各部門基本方針明確，徹底排除與目標不符事物；

(7) 減少冗員、提升企業競爭力；

(8) 傑出的領導者；

(9) 有自由發表不同意見的空間；

(10) 不拘泥於形式，溝通方式活潑；

(11) 按照企業本身所需的資訊，皆能及時取得；

(12) 沒有開會及文件氾濫等現象；

(13) 職責權限劃分明確；

(14) 不拘形式，沒有官僚作風，以實際行動為主；

(15) 重視人性化的管理；

(16) 員工專業能力強；

(17) 成員之間能截長補短，互相協助；

(18) 重視員工福利；

(19) 能培育新一代企業家的企業環境；

(20) 制度上能解決各種弊端的因子；

(21) 能針對問題核心，迅速處理問題。

事實上，在企業發展的過程中，最關鍵的是企業領導人。因為他是企業活動的舵手，必須領導企業察覺市場，對商品與需求的變化，反之，領導人若不了解現實殘酷的變化，那麼可能會把企業帶領至錯誤的方向。根據《從A到A+》（*GOOD TO GREAT*）這本書，就非常強調企業領導人，是企業成功與否的關鍵角色。古典經濟學大師熊彼得（Joseph A. Schumpeter）強調企業家精神，就是能使企業「創新」與「冒險」。在資本主義高度競爭的系統中，從新產品的提

供、新的生產方法（包括新原料的應用、生產技術的創發與改良，及管理方式的調整）之採用、新市場的開拓、和新產業組織的形成等，都可能須要領導人大膽與魄力的創新。另方面，在現代迂迴的生產過程中，從策劃、組織、生產、管理、行銷到後續服務等，任何的創新（特別是愈具關鍵性者），都需要相當的時日，和成本的投入，而且都具有高風險，因此更需要領導人有眼光、能提出新觀念、新辦法，而且能付諸行動，以實現這些創新作為的企業家。

　　中華民國過去六十年來，被公認為世界級的企業家，包括辜振甫、王永慶、張榮發、許文龍、高清愿、張忠謀、施振榮、郭台銘及嚴凱泰等。他們都有很獨特的創新，以台積電為例，1985年台積電尚在籌備階段時，張忠謀曾向英特爾（Intel）請教晶圓代工的可行性，結果所獲得的訊息是不可行！因為半導體公司一定有自己蓋的晶圓廠，所以絕對不會將晶片交由外人生產，因此晶圓代工不可行。不過，張忠謀卻認為半導體產業，並不只是一個整體性的產業而已，它應該可以再細分為兩個產業：一個是晶片設計，另一個是晶圓製造。這樣的想法，當時很多人都認為很荒唐，但是張忠謀卻勇於創新、大膽地嘗試。結果，張忠謀成立了世界上第一個晶圓代工廠後，非晶圓製造公司的設計人員，非常欣賞這種新思維，紛紛與張忠謀合作，使得張忠謀的「荒唐想法」獲得了豐富的收益，並造就了今日的台積電。由此顯見企業家精神（entrepreneurship），對於一個企業發展的重要性。

1.6　企業道德

　　企業道德是企業倫理的核心，而企業倫理又是企業管理的核心，所以學管理，一定要講道德！但不幸的是，2013年是中華民國企業道德崩壞的一年，先是義美食品使用9,000公斤的過期原料；乖

乖竄改過期食品的日期，繼續再賣；山水米標示台灣米，裡面卻沒有台灣米；胖達人欺騙性的廣告；大統長基食品、福懋油、味全頂新…駭人聽聞等假油事件。沒有道德的企業，對消費者與社會是傷害，對政府也是傷害（逃漏稅），對於企業全球化的發展，與永續經營都埋下了炸彈。

「現代經濟學之父」亞當‧史密斯（Adam Smith）的鉅著《道德情操論》（*The Theory of Moral Sentiments*），指出有三種力量，可調整人的私慾，一是良心，二是法律，三是 上帝所設計的地獄烈火。從上述這些缺德的企業，可以發現良心、法律，似乎都失去效用。至於地獄烈火，他們似乎還未能體會那個嚴重性。但缺德的企業，的確會傷害企業。

（一）企業內部的傷害

1. 劣幣逐良幣：

當企業內部倫理不彰，道德規範不明時，員工常常找不到企業，存在的意義和榮譽感，同時組織成員很容易認定，「我們企業是缺德的」。對於一個講求倫理、重道德的員工，此種認定對其自我概念，將是很大的衝擊！所以對企業無法認同，是可以預見之事，而離開組織亦屬必然。但是，對於一些道德標準原本就較低的員工，企業此種低道德的表現，反而是符合其原本的自我概念，因而對企業，並不會有不認同的情形發生。長此以往的結果，就是組織在人力資源方面，產生反淘汰的現象，道德標準高的員工，無法認同而離去，道德標準低的，則樂在其中！可想而知，此種結果最終必對組織，產生莫大的傷害。

2. 短利傷害到企業的永續生存：

企業內的領導階層，在抽離道德之後，會出現領導無方，甚至進行掏空公司資產等，違法的勾當。對部屬則可能出現刻薄寡恩、沒有信用，利用完部屬之後，當作衛生紙一樣的扔掉！缺

德氣氛一旦形成，同僚之間常易爭功諉過，惡意攻訐，背後詆毀，使對方在分工過程中，所必須得到的協助，統統以「正大光明」的理由，來停止相關的援助，使對方的任務無法達成，譬如，「本單位正進行一項非常重要的任務，大家都已經忙得昏天黑地，所以無法抽調人力（或供應其他所需的資訊）」，這種建立在「別人的失敗，就是自己的成功」上（尤其當別人失敗或被裁員時，不但沒有憐憫之心，反而心中拍手叫好）；下級對上級，表面討好，背後詆毀叫罵。對於所交代的任務，則陽奉陰違，甚至引起長官和長官之間的誤會，最好是看到更上級的長官，來修理自己的頂頭上司。或在上上級的長官交代重要任務，尚未傳達任務之前，先填妥假單請假去，讓自己的頂頭上司，吃不完兜著走！這樣的企業，能永續生存嗎？人才願意留在這樣的企業嗎？

（二）對企業外部的傷害

企業都會提供商品或服務，在沒有企業道德的狀況下，必然造成「食」不安，「衣」不安，「住」不安，「行」不安（如豐田汽車煞車系統的設計有問題）。在缺德的社會，不但沒有贏家，而且令人恐慌！以「食」來說，生產農作物者，在農藥（讓蟲都不能吃）尚未消失前，讓每個農作物都長得美，其實吃下去就慢性中毒！養雞者，對雞就大打荷爾蒙，以最快速度讓雞長大（像成熟雞），其實吃下去，對人就產生傷害！養乳牛者，就以化學合成的方式提供奶粉與牛乳，要多少有多少（規模經濟）。

以「住」來說，提供建築住屋商品的，為了省錢，把沙拉油桶當作房柱，其他用的不是海砂，就是輻射鋼筋，最後在公設的部分，則進行偷斤減兩。除了食衣住行的不安外，可能連醫院所提供的醫療服務，既不專業、也不熱誠，不是打錯針、吃錯藥，就是不該開刀的，

卻以醫師專業表示可以開刀（多賺一點錢）！開刀開到一半，發生火災，結果醫師自己先跑，讓病患活活燒死在手術檯上；研發部門在別人剛剛完成研發之際，立即想法子，竊取其成果。這些都是最近幾年，在台灣發生的事。這表示什麼？缺德已從特殊性，轉變普遍性，這是很嚴重的現象！

只有企業都實踐道德，這個社會食衣住行育樂，等方面的消費，才能得到真正的安全與滿足。否則爾虞我詐，最後又有誰能得利？西諺說：「好的道德，就是好的經營（Good ethics is good business.）。」反之，企業終將被社會唾棄！譬如，以2002年美國爆發的「安隆事件」為例，當時儘管它是全美第七大企業，而且從事的產業，是具強勁成長的產業，老闆（Jeffrey Skilling）還是哈佛商學院1979年班的明星，但因為缺德，最後還是破產了！又如，造成全球奶粉污染危機的中國三鹿集團，曾釀成約三十萬名幼兒生病、六名嬰兒死亡的巨禍，集團也因此在2008年12月破產。

美國人離棄基督正義的信仰，已經很久了！但他們還是知道要補救，於是現在的美國各大學，如哈佛、史丹福等大學，紛紛開設「企業倫理」的課程，強調企業道德的重要性！我國的企業，如何在領導、管理等制度層面，注入企業道德，已到了刻不容緩的時刻。蘋果創辦人賈伯斯生前最後的遺言，應該也可以給這些缺德的企業負責人，一些思考。他說：「作為一個世界500強公司的總裁，我曾經叱吒商界，無往不勝，在別人眼裡，我的人生，當然是成功的典範。……此刻，在病床上，我頻繁地回憶起，我自己的一生，發現曾經讓我感到，無限得意的所有社會名譽和財富，在即將到來的死亡面前，已全部變得黯淡無光，毫無意義了……上帝造人時，給我們以豐富的感官，是為了讓我們去感受祂，預設在所有人心底的愛，而不是財富帶來的虛幻。」

腦力大考驗

一、何謂企業管理？

二、企業在溝通的過程中，是由哪些因素所構成？

三、企業經營的成敗，牽涉到哪些範圍？

四、請說明獨資企業、合夥企業及公司，彼此有何特殊之處？

五、台灣「第一次產業革命」究竟是什麼？

六、具有哪些特質的企業，才稱得上是有潛力的企業？

第2章

企業經營環境

時事小專題

　　2013年10月上路的中國《旅遊法》，由於禁止指定購物行程後，導致大陸出國團費大增。目前赴台團費從過去的5,000元人民幣，調漲到7,000元左右，團費升高，自然會影響旅客出遊的意願。再加上赴台旅遊的大陸團客，以中老年人為主力，這群人對團費的敏感度，遠高於年輕人。所以根據我國觀光局的統計，中國《旅遊法》實施後，來台旅客較2012年的同期，衰退三成多。

2.1 經營環境的變化

　　市場環境，泛指一切影響、制約企業經營活動的最普遍因素，這些因素既廣泛又複雜，不過仍可分成總體環境，和個體環境等兩大類。總體環境又叫宏觀環境，是由一些大範圍的社會約束力量構成，它包括政治、經濟、社會文化、法律和科技狀況，可再細分為人口環境、經濟環境、自然環境、技術環境、政治環境和社會文化環境。個體環境又叫微觀環境，是指與企業的行銷活動，直接發生關係的組織，與行為者的力量，可細分為企業內部環境、企業的供應者、行銷仲介、顧客、競爭對手、社會公眾等。

　　市場經營的總體經營環境，是不可控制的因素，企業無法控制這些總體環境，但卻深受這些因素的影響。因此必須設法適應它，並要在不斷變化的市場環境中，不斷採取相應的對策，掌握相關訊息並調整組織，謀求生存和發展的能力。21世紀與20世紀經營環境的不同，尤其是面對激烈的全球化競爭市場、消費者意識型態抬頭，及環保聲浪高漲的新世紀，企業必須深刻體認這些差異，才能在企業政策上，正確及時的反應。經營環境的差異，主要反應在以下五大方面。

一、環境變化迅速

　　20世紀穩定和可預測的環境，目前已經產生質變！在21世紀的經營環境，則是相對顯得迅速變化。20世紀的市場競爭環境，基本上是穩定和可預測的。儘管20世紀的環境有變化，但變化的速度有限，市場仍然可以預測。20世紀的理論研究，主要是尋找客觀規律，即穩定不變的因素。在相對穩定的環境中，誰掌握了客觀規律，誰就掌握了未來。進入21世紀，環境已經發生了很大的變化。這種變化體現在不變的東西越來越少，不變的時間越來越短，因此，環境

變得越來越難預測。

二、競爭加劇

世界貿易組織的規範，以及全球化的競爭成形，已打破了以往地域和行業的限制，因而使競爭更加激烈。這樣的現象，最主要的體現，便是跨國公司大力推行的全球經營戰略。這些跨國公司以全球市場為目標，跨越國界組織生產，構建全球生產網路，開展全球範圍內的競爭，使得侷限在某地提供服務或生產的企業，競爭更為激烈。

三、提高品質與品牌的重要性

顧客需求的個性化，和市場的供過於求，使顧客成為市場的主宰力量。顧客在市場上的影響力量越來越大，消費者的權益，日益受到重視。企業既要向顧客提供優質的產品，又要向顧客提供一流的服務。只有這樣，企業才能贏得和保住顧客，並在顧客的期望，與信賴的基礎上，企業的生存空間，才能鞏固與持續擴大！

四、衝擊經營管理

以全球化網路、高速化網路、個體化網路和智慧化、商業化、實用化為特徵的第二次資訊革命浪潮，正在將全球一「網」打盡！科學技術的發展，和資訊技術的廣泛應用，使傳統的經營管理方式，面臨巨大的衝擊。在全球結合為一個緊密資訊體的狀況下，縱使遠在天涯海角，也能同時掌握市場訊息。也因此，如果企業仍一味固守原有的經營管理方式，不能順應環境的變化而變化，那麼，企業必然會因為反應太慢，而被市場淘汰。

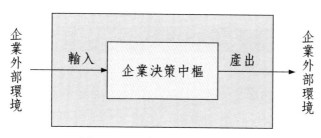

圖2-1 企業系統決策運作

五、變化成常態

　　21世紀的經營環境，唯一不變的就是變，因此變化將成為日常行為。市場在變化，顧客的需求在變化，競爭者也在變，在此情況下，只有企業自身也隨之變化，才能適應外部環境的變化。所以，企業在21世紀要習慣於變化，不習慣於變化就不能適應環境，就會在激烈的競爭中被淘汰。

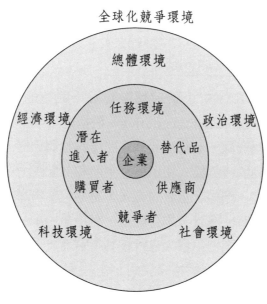

圖2-2 企業經營環境

2.2　總體環境——經濟環境

　　根據現代管理學者們的見解，任何系統都是在一定的環境下運行；任何企業都深受經濟、政治、法律、科技等外部環境因素，直接或間接的影響。

　　一粒種子、一株樹苗、甚至是一棵大樹的萌芽、成長、茁壯，除了本身品種（先天）是否良好外，大凡其所處的環境，如土壤是否肥沃？土壤中有無有害之因素存在？所處地區溫度、溼度如何？有無其他競爭者或天敵存在等後天外在環境，對種子、樹苗或大樹的生存而言，全都是環境因素。環境對企業的重要性也是如此，譬如：經濟成長的時期，百業繁榮，國民所得與購買力高，絕大多數的企業在這一個階段經營，大都能獲得適當的利潤。反之，在經濟蕭條時期，生存已有困難，更遑論發展！由此可見經濟環境，對企業經營的影響，實在不可忽略！

2.2-1　經濟制度

　　在經濟環境中，對企業經營影響最為嚴重的，莫過於經濟制度。經濟制度（economic institution）概括的來說，是一個經濟體系用以配置其經濟資源，並解決其基本問題的整體架構。它乃是人類社會中，經濟活動的行為模式和組織、生產和分配、消費和選擇等，不同的安排及決定。例如，生產的方式，有些是經濟單元集體進行，有些是個別單獨進行。在資源的分配上，有些是由中央集權管制，有些是集體協調，有些則任由個人自行按其所需而支付。在消費與需求的決定上，有些是由市場價格來指引，有些則由人為的控制規範去分配。不同的經濟制度，形成了個人活動所處的差異環境，同時也限制

了人類的行為,並決定了經濟各種發展的種種可能性。

理論上的經濟制度,是有可能持久不變,但實際的經濟制度,卻是不斷在改變。不過歸納起來,若按價格機能的功能,大致可區分為市場經濟(market economy)、控制經濟(command economy)、混合經濟(mixed economy)。

一、市場經濟

私有財產制、經濟自由與價格機制,是市場經濟運作的基礎。最主要的特色就是純粹由個別經濟單元(如消費者、生產者),以市場價格機能作為解決人類社會資源,利用與分配的主要方法。整體資源分配的核心都是透過一隻「看不見的手」(市場價格)在運作,一切價格取決於供給需求,政府不加以干涉,僅是維持最小的政府干預,故又稱為自由經濟。

二、控制經濟

每個國家對於經濟,都有控制,只是程度的不同。此處所指的「控制經濟」,是指程度極高的,譬如古巴、北韓。但程度高的國家,以及歷史上的蘇聯共產體制或緬甸前軍政府時期,都是如此。

1979年以經濟發展策略,獲得諾貝爾經濟學獎的路易斯(Sir Arthur Lewis,1915〜1991),認為不論是先進國家,或是後進的國家,均應實行經濟計畫,來矯正經濟上放任主義(laissez faire)的缺失。不過他所指的經濟計畫,與控制經濟中直接的中央計畫(central planning),是有所不同的。中央計畫是由政府中央統籌,所有經濟生產及消費的資源,然後設定經濟目標,強制政府各部門和私人企業,切實執行以達到預定目標。在中央計畫之下,各經濟單元沒有自主權。在計畫經濟的體系下,政府的干預,達到最高的極限,即交易市場上該制度的生產、工具、資本、價格等,皆由政府統一控制支配,人民沒有財富支配的權利。換言之,在計畫經濟的經濟制度規範

下，資源的分配與決定，主要是由政府或政權掌握者（authorities）去決定。就總體面來說，每年生產量的多寡，以及所有東西的消費與分配，都要靠糧票、肉票……；換言之，都在政府的規劃掌握，因此在計畫經濟者的眼中，經濟是靜態的，沒有高低起伏的發展，只有穩定的狀況。

三、混合經濟（mixed economy）

中華民國以往的經濟發展政策，常被稱為「計畫型的自由經濟」，這就是混合經濟的代表。混合原則以自由市場經濟為主，政府擁有不少的資產，和一些生產事業，並對社會提供眾多的服務，同時也會對私人部門進行各種管制。如政府透過多樣化的法規、租稅、補助，來改變私人部門所產生的作用。混合經濟也有經濟計畫，它的名稱是指導性的計畫（indicative planning），只是這類的計畫，有別於直接的中央計畫。它是由政府訂出長遠生產目標作指引，但不會強制私營部門的生產必須跟從。一般的生產與消費，仍由市場來決定，政府只會運用財政、貨幣政策去配合。

2.2-2　經濟景氣

除了經濟制度之外，商業活動的興衰，則受到經濟的景氣狀況，匯率、利率等，國內及國際金融現象的影響。這些重要的經濟指標有：國內生產毛額、平均每人國民所得、經濟成長率、通貨膨脹率、失業率、出口總額、主要出口項目、進口總額、主要進口項目、外匯存底、外債、兌換率（譬如，是否為固定匯率，變化幅度）等。以台幣貶值，匯率的變化為例，這些就會影響貿易商原已談妥的條件，或投資外國的金融商品的利潤。1973年及1979年兩次的石油危機，引發的全球性經濟衰退及通貨膨脹，讓全球民眾飽嚐經濟失衡之苦。油價高漲對台灣這種不產油，但又依賴製造業及外銷，維持經

濟的國家，造成重大負擔，甚至構成危機。因為油價飆漲不但可能造成經濟衰退，而且可能點燃通貨膨脹惡火，因此在大多數國家中，雖然為了維持民生安定，而被迫優先採取緊縮貨幣政策，來對抗物價飆漲，但難免因而付出經濟成長趨緩，乃至經濟衰退的代價。

 ## 2.3　全球化的企業經營環境

　　1995年1月1日正式誕生的世界貿易組織（WTO），是全面規範與調整，各國貿易政策與貿易關係的全球性組織，這是國際貿易領域中最重要、影響最大的組織，故常被稱為經貿聯合國。WTO成立後，代表全球化（globalization）經營的時代已經來臨，這是不以個別企業的主觀意志，所能改變與撼動的。將全球化從抽象到具體的詮釋，可以簡單歸納成一句話，那就是：「世界變得越來越小了。」在這個越來越小的世界中，企業與其他的人、事、物的互動，都越來越難單純地「限縮在一國的國境之內」。譬如2012年3月15日，美韓FTA生效，韓襪輸美關稅降至零，台襪卻高達10%至19%。2012年底，台灣唯一的織襪聚落，傳出史上最大的跳票潮。這是因為美國與南韓自由貿易協定〈FTA，Free Trade Agreement〉生效後，牽動彰化八卦山山腳下，數萬人生計。從美國來的訂單，一張張消失……。

　　全球化的過程中，中小企業所面臨的，衝擊與挑戰愈來愈大，目前企業全球化已成為，沛然莫之能禦的趨勢，譬如：在美國購買一部龐帝克的Le Mans汽車時，1萬美元中，大約有3,500美元是付給南韓的裝配及人工；1,850美元是付給日本的主要原件（引擎、傳動軸及電子零件）廠商，700美元是付給德國的款式及設計廠商，400元付給中華民國、新加坡和日本的其他零件廠商，250美元給英國的廣告和行銷服務公司，其他的則是分配給，在美國底特律的規劃專家、紐約的律師和銀行家、華盛頓的遊說人員、全國工人的保險與醫療服

務，以及通用汽車分布全球股東身上。從上述汽車的案例，可以發現進入全球化社會後，各行各業已經直接，或間接的進入全球競爭。

此外，譬如2008年的全球金融海嘯，2012年的歐債風暴，以及2013年美國量化寬鬆政策退不退場，以及全球氣候急遽變遷，所帶來的災難（如2013年菲國「海燕」颱風）對於企業的營運，帶來更多的挑戰。以下針對全球化營運環境的特色，加以說明。

一、潛在威脅增加

由於產業的界線越來越模糊，企業除了專注於本業外，更得對其他產業發展，所帶來的潛在威脅給予關切。因為只要有能力，而企業所在的市場與產品又有利可圖時，不同領域的產業，也可能加入戰場。

二、競爭對手實力增強

企業不能再以傳統有限區域，來評估市場的競爭激烈程度，而是以全球為基礎，做總體的分析。因為企業的競爭對手，不只是來自區域內的同業，透過電子商務（EC）的連結，消費者隨時都可能琵琶別抱，而使本企業陷入危機之中。

三、供應鏈合作程度高

不論是有形的商品，或是無形的服務，激烈競爭的結果，是產品的生命週期愈來愈短，價格的彈性愈來愈大。若要能經常讓顧客保持忠誠，企業的產品或服務，就需要推陳出新，因此造成產品的生命週期愈來愈短。以行動電話為例，不僅是外觀、功能、系統甚至服務的模式，都要細心體察消費者的好惡，一季一小變，半年一大變，讓產品價格的下跌的幅度，有如搭坐雲霄飛車，因此對採購、交期、庫存的掌控等，物流服務的依賴程度，必日益加深。

四、消費者選擇增多

由於顧客可以選擇界域擴大了，企業若對顧客的服務稍有不周，縱使商品還具有價格優勢，消費者還是可能隨時掉頭而去，因此追求速度的競爭環境，便成為企業的噩夢，而企業的經營者，隨時都得戰戰兢兢，加快腳步領先同業，避免被競爭的市場淘汰。

許多的企業經營者，在面臨全球競爭營運環境的瓶頸時，僅單純地模仿其他產業競爭者的生產技術，或是局部的運作程序，以求取企業短暫的競爭優勢。策略大師波特則認為這是一個相當錯誤的策略，單單生產技術的學習改良，與產銷活動的模仿，僅只是供應鏈中的局部性活動，並不足以產生長期、顯著的競爭優勢。而整體供應鏈中，企業間程序的串連，與所產生的整合效益，才是其他競爭者，所難以模仿與取代的。此外，他也強調唯有整合全球性資源與產銷供應鏈，方能抵抗持續增加的競爭壓力，並為企業帶來無法取代的競爭優勢。

中華民國歷經半世紀以上的經濟發展，在對外貿易及國際競爭力等各方面，雖然都有長足的進步，然而今天全球化市場競爭的特質，則是一種超越國界、縱跨產業，沒有時差的全球競爭。企業不啻面對科技創新加速、研發與產品生命週期縮短等趨勢，在企業發展上，還得面對許多不確定因素，因此讓中華民國企業面臨轉型的龐大壓力。在面對全球競爭壓力下，製造業高附加價值化、知識化是未來在國內外市場，競爭的唯一途徑，也就是說中華民國的製造業，必須找到新的「競爭利基」，此一新利基除了企業多角化經營（如製造業跨足物流）外，有必要找到各個產業的新發展方向，以推動「台灣的二次產業革命」。

表2-1　強化中華民國中小企業的整體供應鏈營運模式

焦點管理能力	經營模式	策略運作
複雜性生產管理	全球運籌管理模式	連結生產據點，強化製造管理與全球分工
資訊化溝通管理	資訊網路溝通模式	建立供應商及客戶間的資訊化溝通網路
產業型資源管理	整體組織運作模式	企業資源規劃核心能力與組織的產業化運作
聯盟性策略管理	功能聯盟運作模式	以小做大、再造螞蟻雄兵的營運聯盟策略

資料來源：承立平、杜英儀，《中小企業在WTO架構下的全球布局與營運策略》，民國91年8月。

表2-2　經營環境變化表

環境	經營舊環境	經營新環境
技術	穩定逐步的改變	跳躍式的改變
研發	漸進式的成長	創造性的摧毀
產業邊界	清楚明確的產業邊界	產業邊界模糊
策略	追求原市場既有優勢	新競爭對手突然出現
競爭	定位於國內市場的競爭	全球化的競爭
員工流動	員工流動率較低	員工流動率較高

2.4　總體環境——政治環境

　　政治環境是以政府為核心，所構成的企業經營結構。政府擁有「錢」與「權」，並對「價值作權威性分配」的最高決定權，因此對企業的經營有極重大的制約能力。

　　「政府」乃是以公權力為基礎，可對全體資源與價值，做權威性

分配的活動及制度；「企業」則是指以公司型態，經營運作的生產單位，涵蓋所有民間經由生產和交換過程，追求利潤的各種商業組織。因此，「政府與企業」（government and enterprise）是當今政府治理世界中，一項重要的課題。擁有政治權威的政府，和擁有生產工具的企業，彼此之間的互動，對社會會產生重大影響。

除了與政府的關係之外，企業還要注意到政治環境，三個重要的面向。

一、政治或軍事衝突與否

如果企業所在的政治環境，出現過於頻繁的或突然的政權更迭，企業可能在營運策略上無法適應，並做出相應的調整。尤其是動亂、內戰、政變等政治或軍事衝突，常可能直接對企業造成傷害，更可能因政治衝突，導致在一定時期內，為身處該國企業的行銷或其他企業活動帶來種種不利因素。這種現象對於外國企業更為明顯，因為政府採取各種政治干預，會迫使外國企業改變其經營方式，經營政策和策略。這種政治干預是多種多樣的，主要有：沒收、徵用和國有化、當地化、外匯管制、進口限制、稅收管理、價格管制、勞動力限制。

二、政治體系穩定性

國家的政治體系穩定與否，會影響企業的投資意願。政治的動盪不安，朝令夕改，往往造成投資者血本無歸，對企業影響甚大。如2008年金融海嘯後的「茉莉花革命」或是「阿拉伯之春」，所造成的突尼西亞政權，葉門、埃及等政權，釀成重大的變局。過程中所伴隨的衝突，常會使企業或投資當地的企業造成巨大虧損。又如台灣知名的三勝製帽股份有限公司董事長戴勝通，在民進黨政府的力挺下，領軍的中小企業協會，躍為工總、商總與工商協進會之後的「第四大工商團體」。然而，該公司在加勒比海的邦交國海地投資，卻遭逢當

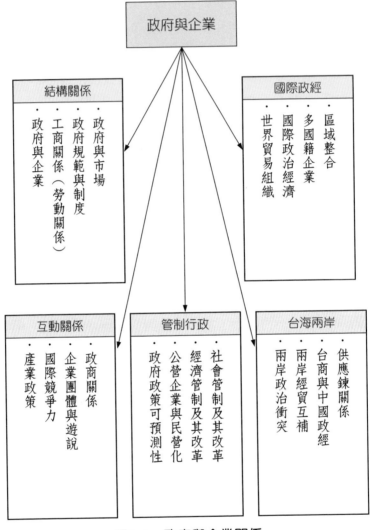

圖2-3　政府與企業關係

地發生政變，叛軍圍攻首都太子港，每個月至少高達五、六千萬的週轉金無法到位。又如，以中國大陸為例，其經濟體制雖不斷改變，但整體的民主政治尚不健全，法制觀念普遍低落，投資環境相對惡劣，政治風險也偏高。

三、政策持續性

政策持續與否，對企業的營運與投資，具有重大的影響。政策的變動，也會產生不同程度的風險。政所以政策愈穩定，對企業前程的規劃，是有一定程度的幫助。譬如台商到大陸投資，之前並無所謂的「勞動合同法」的政策，但中共實施後，對未能掌握此趨勢的台商，就會增加龐大的人事成本。

2.5　總體環境──法律環境

大陸首部《旅遊法》於2013年10月1日實施，其中明訂，旅行業者不可以指定購物點並抽取傭金，否則裁罰三萬到三十萬元人民幣，情節嚴重者可吊銷執照。實施首日，台灣各景點的購物店大受影響，業者紛紛提出不同辦法因應。陸客團遊覽車變少，導遊、領隊也不能開口推銷。因此只有將茶葉購物站改掛招牌，例如茶葉博覽館、茶鄉體驗、茶葉研究所，也當作一個景點帶旅客進入。法律環境嚴重影響企業營運、商品訂價、通路、促銷、廣告，甚至服務的方式，人員招募，經費籌措⋯⋯等一切的營運活動。企業從設立到結束，都與法律脫不了關係。法律對企業經營的影響，大致可分為歧視限制，與有利擴張等兩大類。限制式的法律，譬如：經濟法規是否造成企業創新，與公平競爭的限制；勞動條件與法規環境，是否能讓企業，適應市場的變動，彈性調整其人力的僱用。此外，像有線電視法、電信法、公平交易法等，都是要求企業應遵循的法律規範。其次，有利企業擴張的法律規範，如：促進產業升級條例、金融機構合併法等。身為一個企業家或專業經理人，需要去了解法律，進而透過法律去創造競爭優勢，或避免違法造成企業損失，甚至自己都深陷牢獄之災（奇美電總經理就進入美國監牢）。

　　企業在實際運作過程中，絕對無法忽略法律等限制力的規範，對企業本身所造成的影響。法律關係錯綜複雜，了解並熟悉企業的法律環境，對於企業的各種經濟活動，是十分重要的。譬如：當探討保險業時，其規範的主要法律為保險法、保險法施行細則、保險業管理辦法……等；述及金融業時，相關的規範涵蓋有銀行法、合作社法、農會法、證券交易法……等；另外，電信產業的法律規範，如：電信法、有線廣播電視法，及各產業主管機關的行政命令等規範。此外，與各個產業皆可能相關的法律，如民法債編各論中，各種有名契約、公司法、工廠法、消費者保護法、公平交易法、專利法、營業秘密法、勞動基準法、商標法、中小企業發展條例等。

　　因為法律環境對企業的經營，具有高度的強制力。一般來說，法律環境對企業生產經營活動的影響，具有三種特點：

（一）直接性

　　國家的法律環境，會直接影響著企業的經營狀況。

（二）難預測性

　　對於企業來說，為企業活動所提供的法律環境，若愈是不健全，就愈難預測國家政治法律環境的變化趨勢。以兩岸經貿為例，這幾年大陸市場的變化錯綜複雜，有人說不管賺不賺錢，要先到大陸卡位；有人則是回台呼籲，千萬不要到大陸投資，以免被坑殺而導致人財兩失，那到底大陸能不能去？其實和法律的不可逆轉性，極為密切相關。因為投資之後，如果法律變遷過速，很可能市場優勢全無，威脅反而升高。

（三）不可逆轉性

　　企業經營受各國法律的約束，法律環境對企業的影響，十分迅

速且明顯，而這一變化，企業是駕馭不了的。政府相關的法令規章，只要法律制定了，企業就必須遵照規定，這就是不可逆轉性。如法律約束不可進口毒品或槍械，中國大陸限制資訊文化產品的輸入。事實上，任何的產業，在政府體制中均有其主管單位與輔導單位，有關企業的各種活動，如：投資、報稅、上市等，均有頒布的稅則、手續要遵循。因此，企業對這些資訊的掌握，必須要隨時的更新。

 ## 2.6 總體環境——科技環境

科技是第一生產力，是影響人類前途和命運的重要力量。伴隨科學技術而來的是新興產業的出現、傳統產業的被改造，和落後產業被淘汰，從而使企業面臨新的機會和威脅。為協助企業朝高科技領域發展，政府是否有計畫吸引並留住海外學人，及優秀技術人才投入高科技行列，建構高科技產業聚落，並設立「單一窗口」的服務機制，讓高科技產業專心致力於產業發展。譬如民國69年成立新竹科學工業園區的成立，就是政府協助科技發展的具體展現。

此外，對個別單一企業科技發展是否有提供協助，也是科技環境良窳的重要指標。一些新興發展的國家，大都希望能科技超前，所以對於科技發展，都有提供經費的協助。我國在產業發展方面，也有提供這類的幫助。無論是民國49年的「獎勵投資條例」，民國80年的「產業升級條例」，或民國99年的「產業創新條例」，都有這方面的支持。譬如，民國99年5月公布的「產業創新條例」第十六條，「為鼓勵產業發展品牌，對於企業以推廣國際品牌、提升國際形象為目的，而參與國際會展、拓銷或從事品牌發展事項，各中央目的事業主管機關，得予以獎勵、補助或輔導。」

企業的創新與研發，屬於企業新世紀重要的經營策略。在「數位經濟時代」下，企業在進行科技環境分析時，應注意：

(1) 新技術出現的影響力，及對本企業的行銷活動中，能造成的直接和間接的衝擊；

(2) 國際行銷活動要對目標市場的技術環境，應進行特別的考察，以明確其技術上的可接受性；

(3) 利用新技術改善服務，提高企業的服務品質和效率；

(4) 利用新技術，提高管理水準和企業行銷活動效率；

(5) 新技術的出現對人民生活方式，帶來的變化，及其由此對企業行銷活動可能造成的影響；

(6) 新技術的出現，引起商品實體流動的變化；

(7) 了解和學習新技術，掌握新的發展動向，以便採用新技術開發或轉入新行業，以求生存和發展。

　　《創造性破壞》（*Creative Destruction*）一書的作者之一佛斯特（Richard Forster），認為成功的企業，必須認真且不斷地從事內部改造。這種新的管理方式，被稱為「創造性的破壞」。在過去幾年裡，佛斯特和另一位作者凱普蘭（Sarah Kaplan）研究過1,000家各產業中，居領導地位的企業，發現大公司如果只求維持本身核心事業，很快就會被淘汰；有勇氣去改變傳統、並且排除各種障礙的公司，才能持續領先地位。

　　在科技環境方面，促成21世紀企業經營環境，邃烈變動的因素，莫過於「數位經濟體系」或「網際網路經濟」的形成。由於資訊科技產品技術日益成熟，技術擴散速度加快，資訊產品生命週期大幅縮短，產品價格快速下降，以個人電腦產業為例，在1980年代，個人電腦產業的產品生命週期約為一年，但至1999年後，則縮減為約三個月。產品生命週期縮短，在沒有創新的情況下，使得個人電腦價格持續下降，這也成為企業微利化的重要關鍵。

2.7　產業結構環境

產業結構環境依廠商家數，區分為獨占、寡占及完全競爭市場，這些市場結構環境，對產業競爭環境的了解，具有重要參考價值。

2.7-1　完全競爭市場（perfect competition market）

有兩個重要關鍵詞，一是「完全競爭」，二是「市場」，其中第二項的市場，已在2.1節中說明，故不再贅述。一般所指的競爭是：針對個人或團體為達到某種目標，努力爭取其所需求的對象。這種對象有物質的或非物質的，例如為增加收入，發展營業，是物質的對象；爭取榮譽，提高地位，是非物質的對象。競爭起於事物的短少或限制，競爭的結果，使成功者獲得所求，失敗者損失所有。但是經濟學裡所說的競爭，是針對競爭的人數，而非前述的競爭行為。

一、完全競爭市場特質

餐飲、蔬菜、稻米、溫泉泡湯等一般商品，幾乎都屬於完全競爭市場。但什麼是完全競爭市場的內涵呢？構成完全競爭市場的要件，有三大項：

（一）供需力量

買賣雙方的競爭人數極為眾多，因此任何單獨的買者或賣者，均無力也無能影響市場的需求或供給（或者其影響力極低，因此可以被忽略）。

（二）價格

在完全競爭市場裡，買賣雙方人數極多，以致於無任一方能宰制市場價格，市場價格只能由市場供需決定。然後，在已知或給定的價格（given price）下，個別買方或賣方只能決定其最適需求量或供給量，以追求個人的最大福利。

（三）供應者特質

廠商在完全競爭市場的特徵，是市場中供應者的數目極多，各生產者完全獨立自主，新生產者既可自由加入，而原生產者也可自由退出。不同賣方所提供的產品品質完全一樣，因此在不同生產者之間，產品替換非常高。同時，廠商具有充分的交易資訊，對於市場消息靈通，所以非常了解市場狀況。此外，廠商所使用的生產要素，在市場中可自由的移動。

二、完全競爭市場生產者行為

在完全競爭市場中，企業會針對其產品市場，與其對手的市場行為，採取不同程度的的市場策略，或對其對手的市場策略進行反應。完全競爭的市場結構，從生產者的價格到產量都有絕對的影響。

（一）利潤與產量

廠商在完全競爭的假定下，為求其利潤極大化，往往設其邊際成本等於價格，以求最適生產量。在這種情況下，廠商只有合理利潤，廠商會積極尋求利潤極大（或成本最低）的交易決策。

（二）價格接受者

完全競爭市場有很多的競爭者，彼此競爭激烈，個別廠商沒有影響價格的能力，只能接受市場所決定的價格，成為價格接受者

（price taker）。譬如：我國生產稻米的供應者即為價格的接受者，因為台灣地區生產稻米的農家，對於米價的影響力幾乎是等於零，就算是生產更多的稻米，也並不會造成銷售量的大幅增加。

（三）進出市場自由度

廠商可自由進出（free entry and exit），只要有利可圖，新廠商可自由加入這個產業，經營不順的舊廠亦可以任意退出。

三、對消費者影響

（一）產品特質

完全競爭市場中，各廠商所生產的產品毫無差異，在消費者的主觀意識上，視為完全同等的產品，意即所謂的同質產品（homogeneous products）。

（二）消費者福利

市場分工與比較利益的發揮，且沒有任何一家廠商具有操控市場的能力，如此消費者不啻可以有更多的消費選擇，以提升消費者的福利，所以完全競爭市場是最理想的市場型態，社會福利也最大。

（三）價格接受者

個別買方在市場上，並無任何影響力，所以只能扮演價格接受者（price-taker）角色。

2.7-2　寡占市場（oligopoly market）

寡占市場是介於完全競爭，與（完全）獨占之間的市場型態。寡占是一種市場競爭的型態，也叫寡頭壟斷市場，意思是只有少數幾家

生產者壟斷著這個市場。市場指的就是一種商品,所以寡占就是少數幾家生產那種商品。

一、寡占市場構成條件

寡占市場又稱寡頭壟斷,是由少數幾家主要廠商提供同質或差異的產品,通常需要大量資本、技術、專業知識或專利權等,且廠商彼此「互相競爭、互相依存、關係密切」市場形態。

(一)基本條件特徵

(1) 市場由少數(如:雙頭壟斷、多頭壟斷)廠商所操縱;

(2) 產品可能完全相同或相似,它可細分為同質寡占:水泥業、鋼鐵業等;異質寡占:汽車業、電信業、電視台等;

(3) 廠商彼此間競爭性大、依賴性也大。

(4) 每家廠商對價格都有相當影響力,但價格穩定,因此非價格競爭非常激烈。

(二)寡占市場形成原因

1. **資本技術密集,市場狹小:**

    由於資本技術密集及巨額創辦資金,廠商必須採行規模生產,但因市場狹小,無法容納太多廠商數量,因此只有少數幾家廠商從事生產。

2. **新廠商加入受到許多限制:**

    (1) 需龐大創辦資金。

    (2) 需特殊生產技術。

    (3) 受到專利權保障。

3. **小廠合併:**

    有一些小廠商逐漸合併而形成。

二、寡占市場生產者行為

寡占者的決策會影響其他寡占者，也受其他寡占者決策的影響，所以是處在相互牽制的狀態。這種例子很多。電視台八點檔連續劇，一台有什麼風吹草動，其他台馬上風聲鶴唳，大家隨時準備應戰。寡占市場的生產者，為了增加銷路，獲取利潤，常非採取降價的競爭方式，與其他的生產者競爭，而是採取價格以外的方式競爭（商品差異化），此種價格競爭以外的競爭方式，稱為非價格競爭。

2.7-3　獨占市場（monopoly market）

經濟學對廠商生產某一產品是否獨占，有一個標準的定義，就是該產品只有一家生產且沒有近似替代品。公平交易法第五條所稱的獨占，謂事業在特定市場處於無競爭狀態，或具有壓倒性地位，可排除競爭之能力者。由此可知，獨占市場（獨賣或獨買市場）構成的基本條件，就是只有一家（獨賣）賣方、或只有一家（獨買）買方。在我國有哪些獨占者呢？台電、台糖、自來水公司、大台北瓦斯，都是典型獨占市場的例子。

（一）獨占市場構成條件

公平交易法第五條對獨占事業認定標準，有三類：
(1) 事業在特定市場之占有率，達到二分之一；
(2) 事業全體在特定市場的占有率，達到三分之二；
(3) 事業全體在特定市場的占有率，達到四分之三。

（二）市場獨占原因

「優勝劣敗，適者生存」是一個自然法則，這個法則也仍然適用於今天競爭非常激烈的市場經濟中。「敗」者淘汰出局，「勝」者成

為獨占。目前的市場獨占，有兩種情形，第一種稱為自然獨占，就是沒有外力干預下，市場會自然形成一家生產局面的；另一種就是有外力干預而形成獨占的，稱為人為獨占。

1. 自然獨占：

    通常在市場看到的自然獨占，是因為有規模經濟，就是規模越大，產量越多，它的平均成本越低；這種性質的產品，開放市場競爭的結果，會趨向只剩一家生產的獨占。水、電、瓦斯、電話等產品，就有這類特質；因為它們都要先支付，龐大的固定成本（埋下管線），當產量（用戶）越多，固定成本經過攤分後，平均每單位成本會越來越低。但是，也有一些產品是因為，沒有別人願意生產，而變成獨門生意，像快被淘汰的美濃雨傘，方圓多少里以內，只有一家生產者，這也算是自然獨占。

2. 人為獨占：

    大部分獨占都有人為性質。為什麼呢？我們看到有「規模經濟」的產品，通常也有兩家生產的空間。這是因人的嗜好各異（有人愛甜、有人愛鹹）、貧富有別（高品質人人愛、便宜貨也有需求），使得不同品牌、不同品質的產品互有優勢。人為獨占主要來自政府的管制，包括法律限制、專利、特許等等。許多公營事業都有法律，保障其獨占地位；例如，依據〈郵政法〉，只有郵政局可以經營投遞信件業務。

（三）獨占市場生產者行為

供應商只有一個，因此對市場價格有操控力。『獨占市場』表示某產品在市場上，只有一個生產者。換言之，從市場結構推衍企業策略，「獨占」才是廠商超額利潤的主要來源。獨占者尋求利潤極大（或成本最低）之交易決策。更進一步言，「獨占結構」的策略邏輯是，每一家廠商均應透過各種策略，完成獨占結構，除了要在結構中

占一個較佳的位置，而這個位置上所擁有的獨占力，將使廠商的利潤得以確保。

獨占對消費者會產生影響，因為此時資源未達社會最有效配置使用，而產生無謂的損失（deadweight loss）。廠商為求利潤極大，定價會大於其經濟邊際成本（比完全競爭市場價格高），因此廠商可能得到相當高的超額利潤，而消費者的權益（消費者剩餘）將被剝奪，同時廠商也可能缺乏研究發展的誘因，甚至廠商還可能用差別定價，來取得更多超額利潤，而剝奪更多的消費者剩餘。

2.8 任務環境

所謂的「任務環境」（task environment），是指五大面向，第一，企業所存在的環境中，有關的人員與力量，這些力量雖然是在企業的界線之外，但與企業內的成員，有密切的互動；第二，與目標設定和目標達成，有關的力量；第三，具有幫助或阻礙企業，推動其企圖與遠景的因素；第四，可以對企業的資源與服務，產生干預；第五，決定企業機會、限制與範圍等因素。根據這五大面向，可以歸納出企業在營運時，最重要的任務環境，有以下七個部分。

一、消費者

沒有消費者，企業就無法生存！所以常言道，消費者是企業的衣食父母。如何尋找買方，爭取買方，以及後續的顧客關係管理，都是很重要的。當然對消費者最重要的，就是戒欺！標示不實是欺！價格不實也是欺！那就更不用講，傷害消費者了。

二、供應商

供應商就是供應企業，在生產或服務時，所必要的零組件或協助。即使是第一級產業的農林漁牧，也需要耕具，或漁船上GPS定位系統，這些都需要別的企業的支援與供應。如果供應商所提供的零組件或服務，是無可替代的話，這個供應商對本企業的生存與發展，就變成關鍵。

三、替代品

很多市場上的商品，都有所謂的替代品。替代品越多，對企業的影響就越大。基本上，替代品大致決定了，本業廠商訂價上限，也就是限制企業可能獲得的投資報酬率。當替代品在價格或性能上，所提供的替代方案愈有利時，則對產業利潤的限制就愈大。

四、競爭者

不同的產業結構，競爭者的數目，是不一樣的。產業中廠商家數之多寡，是影響競爭強度的基本要素，除此之外，競爭者的同質性、產業產品的戰略價值，以及退出障礙的高低，都會影響產業內的競爭強度。

五、潛在競爭者

潛在競爭者是有能力進入這個市場，但尚未進入這個市場的企業。當市場有利可圖，就可能會進入此市場。新加入者可能來自於國內，也可能來自於國外。兩者對於現有市場環境的企業，各有不同的威脅。

六、銀行

企業融資貸款需要銀行，辦理各種金融匯兌，或進行各種投

資，銀行絕對是不可少的夥伴之一。所以如何與銀行建立關係，對於企業永續生存，扮演極重要的角色。

七、政府

這一部分在「總體環境」中的政治環境，有些許的相重疊，因為政府是政治環境的核心。政府可以幫助企業發展，也可以讓企業灰飛煙滅，所以政府對於企業，所提供的大環境架構，是共產主義式的，還是資本主義式的自由經濟，對於企業後續發展變化，是任務環境中的關鍵力量。

企業管理概論

 腦力大考驗

一、20世紀和21世紀企業經營環境，差別最大的點究竟在哪裡？

二、在「數位經濟時代」下，企業在進行科技環境分析時，應特別注意哪些面向？

三、廠商在完全競爭市場的特徵，究竟是什麼，請說明？

四、法律環境對企業生產經營活動的影響是什麼？

五、「政府與企業」（government and enterprise）的關係，是否重要，請扼要說明？

六、全球化時代的企業競爭，有何特殊之處？

第 **3** 章

生產與作業管理

時事小專題

　　二戰期間，美國空軍降落傘的合格率為99.9%，這就意味著從機率上來說，每一千個跳傘的士兵中，會有一個因為降落傘不合格而喪命。於是軍方要求廠家，必須讓合格率達到100%才行。但企業的負責人則說，他們竭盡全力了，99.9%已是極限，除非出現奇蹟。於是軍方就改變了檢查制度，每次交貨時，從降落傘中，隨機挑出幾個，讓企業負責人親自跳傘，來檢測到底合不合格。從此，奇蹟出現了，降落傘的合格率，竟達到了百分之百。

3.1 生產與作業管理意義、功能、目標

　　二戰期間，美國空軍降落傘的合格率為99.9%，這意味著從機率上來說，每一千個跳傘的士兵中，會有一個因為降落傘不合格而喪命。於是軍方要求廠家，必須讓合格率達到100%才行。但企業負責人則說：我們竭盡全力了，99.9%已是極限，除非出現奇蹟！於是軍方規畫新的檢查制度，就是每次的交貨，都要隨機從降落傘中，挑出幾個，讓廠家負責人，親自跳傘檢測。從此，奇蹟出現了，降落傘的合格率，竟然達到百分之百。換言之，生產的良率，是可以提高的，重點在於策略對不對！

　　生產與作業是人類社會，從事的最基本活動。若不進行生產與服務，社會的生存發展，也就無從談起。

3.1-1　意義與功能

　　「生產」是透過勞動，把資源轉化為滿足人類某些需求產品的過程，這一過程就稱為生產過程。基本上，無論何種產業，作業管理活動都是所有企業組織的核心，所有的工作中，大約有50%以上與作業管理相關，而企業組織中其他領域的活動，如：財務、會計、人力資源、運籌管理、管理資訊系統、行銷、採購等，也都和作業管理息息相關。故了解作業管理的策略與功能，是不分製造業或服務業，均為管理者必備的知識。

　　那麼究竟是什麼構成生產系統呢？生產系統是從生產因素的投入，經轉換過程，到貨品或服務產出的整個過程。它是由硬體和軟體兩部分組成。硬體是指生產場地、廠房、機器設備、工具器具、運輸

車輛、通訊設施等，它構成生產系統的物質形式。生產系統的軟體指的是，生產組織形式、人員配備要求、工作制度、運行方式以及管理上的各種規章制度。生產系統對企業的永續生存，具關鍵性的因素。

　　生產與作業管理指的是，有計畫、有組織，並在指揮與監督的情況下，所進行的生產活動。其主要內容是：「規劃及管理創造商品或服務的流程或系統，包含需求預測、產能規劃、生產計畫與管制、生產排程、存貨管理、品質保證（製程品質、零件品質、設計品質）、設廠地點的決策，以及其他更多的活動。」簡單的說，就是商品被生產出來，整個過程管理的學問。例如：一瓶紐西蘭葡萄酒，要能夠被生產出來，從葡萄園的地區選擇，葡萄的品種選擇，葡萄的種植，採收的方法與時間，釀造的方法，一直到製成葡萄酒，每一個環節，都需要有精確的管理，才能做出一瓶好的葡萄酒，這就是「生產與作業管理」。生產與作業沒管理好，譬如豐田汽車就要召回743萬輛汽車，盛香珍食品出問題，公司就要付出鉅額的賠償金。

　　傳統上，對生產與作業管理的了解，多止於在工廠內部；事實上，工廠內部只是生產與作業管理的一部分。生產製造部門視產品，為零件製造與組合的過程，製造的可行性、品質與成本控制、製造資源能力與產品生產的契合程度等，才是製造部門所主要關切的課題。其實生產與作業管理的涵蓋層面很廣，不僅包括了工廠的製造與運作管理，亦包括了服務業的運作管理。甚而從廣義的角度來看，只要是與企業之運作流程、效率及品質有關的事項，均是生產與作業管理涵蓋的範疇。現代各企業對於製造流程的再造、製程的附加價值、時間競爭、品質經營及環保的要求，均不斷精進。顯示近年來，生產管理的觀念與範疇，已經有相當程度的擴展，生產管理的觀念與技巧，已應用在製造以外的活動，即服務業，如：健康醫療、食品業、休閒旅遊業、金融業、旅館業、零售業、教育、運輸業及政府組織。

 3.1-2 目標

生產受到很多方面的影響，其中比較重大的是，組織文化、生產紀律、現場管理（人、機器、物料）、幹部（士氣）及生產的儀器設備。

生產管理是有目標的，最直接的有三大類：

一、保證實現企業的經營目標

生產管理的相關活動，與接單、零組件採購、進料數量、品質控制、生產計畫、排程、製造、組裝、生產進度控制、外包管理、交貨運輸等密切相關。這些名稱雖然沒有改變，但整個產業環境、管理的概念與做法、使用的工具，甚至科技與創新的應用等，均產生了非常大的改變。因此，生產管理的目標是：按計畫要求高效運行，全面完成產品品種、品質、產量、成本、交貨期、環保與安全等各項要求。

二、有效降低成本

利用企業的製造資源，不斷減少物耗，降低生產成本，縮短生產週期，減少在製品壓縮占用的生產資金，以不斷提高企業的經濟效益和競爭能力。

三、生存發展

從早年的原廠委託製造（OEM）起家，到如今的原廠委託設計製造（ODM），及原廠委託創新設計製造（OIM），企業的生產製造環境，是不斷的改變。

目前企業所面臨的交易環境是：不斷縮短交貨期，提高品質，大幅降低生產成本，推出新產品速度要快等特性。以縮短交貨期為例，譬如：以筆記型電腦產業來說，兩年前，客戶要求代工的廠商之交貨

能力，要做到955（即95%的訂單，五天內要交貨），而現在需要做到982（98%的訂單，兩天就要交貨），甚至希望能做到95（早上九點接單，下午五點交貨）。為適應市場、環境的迅速變化，要提高生產系統的應變能力，使企業根據市場需求，不斷的推出新產品，並使生產系統適應多品種生產，能夠快速地調整生產，進行品種更換。

表3-1　製造業生產環境的改變

以往	現在
·OEM的代工方式	·ODM、OIM的生產方式
·產品生命週期長	·產品生命週期短
·以賣方為主導	·以顧客為導向
·大量生產且產品種類少	·少量多樣的生產方式
·物料、零組件以庫存來保證生產所需	·以供應鏈管理確保生產所需及推動零庫存
·生產者可掌握原物料與零組件	·客戶掌握關鍵零組件
·製程變動少	·製程變動大
·較為穩定的生產計畫與排程	·進展到BTO，再到CTO
·以經驗、生產計畫來作生產	·仰賴電腦化、資訊化、甚至e化來做好生管
·以可接受的不良率來控制品質	·以接近百分之百良品之六個希格瑪（six sigma）水準來經營品質
·以大量檢查來做好品管	·預防重於檢查，第一次就做好
·生產成本的控制	·生產成本的降低壓力非常大
·交期較長	·交期非常短
·大批量交貨	·小批量且頻繁的交貨，甚至是直接出貨服務（DSS：Direct Ship Service）或台灣直接出貨(TDS：Taiwan Direct Ship)。

在當今講求顧客導向及低成本（愈底層客戶愈重視價格）、高品質（愈高階客戶愈重視品質）、高彈性的時代，了解生產與作業管

理，及其如何與其他企業功能，如：行銷、財務整合運作，是非常重要的。

3.2 產品生命週期與生產

在傳統以生產製造為導向的企業裡，一向以提升作業效率、降低成本、提升品質，做為一個重要的企業競爭策略。但是處於一個微利時代中，一味的追求生產成本的降低，壓縮供應商的供貨成本，尋求更低廉的工資成本，已不再是企業競爭的利器。企業要再進一步提升企業獲利的能力，則應回歸到產品本身，了解產品是有生命週期的。因為產品是有生命的，所以讓客戶、產品研發、生產製造及供應商之間，產生了重要的交集；也因此，加速產品的上市速度，也大幅提升企業的獲利能力。

產品生命週期一般分為四個階段：產品創新階段，市場成長階段，市場成熟階段和市場衰退階段。大型企業生產經營範圍廣闊，生產產品品種眾多，某一產品的市場衰退，還有其他產品來維持。因一個企業有很多種產品，譬如遊戲機產品進入成熟期，但是網路相機則是當紅炸子雞。所以個別產品處於衰退階段，不足以對大企業產生致命的威脅。中小企業則不同，由於生產經營規模小，產品品種少，通常只經營少數幾種的產品，這些產品是否能正常銷售，成為維持企業生存的基礎。因此，更多的創新的產品、多元化的客製產品、以及加速產品上市速度，則是企業競爭能力提升的重要策略。

中小投資者為了維持企業生存，對所生產的產品，通常採取三種不同的策略，一是由於企業沒有看到，產品生命行將終結，在產品即將衰退的時候，資金、技術和管理人員的見識，都不足以推動企業，採取適當的措施，延長產品的生命，而是坐等產品生命的終結，企業也因此走向衰亡。

　　第二類的經營者，他們能夠在產品出現衰退，沒有生產價值的時候，及時退出生產經營。這類投資者經營領域多變，在不斷的轉換中，企業生產經營頻繁地從一種產品，轉移到另一種產品。經常變換生產，雖然避開產品的生命週期，企業卻往往缺乏相對穩定的主業。

　　第三類的企業集中力量從事某種產品的生產，當舊產品生命即將結束的時候，生產者為了延長企業的生存，通常會開拓新市場，將產品銷往其他地方，或者通過促銷和發展新的產品特性，尋求產品新用途，開發新市場，企業的生命，也因此獲得延長。但是，不斷變化的市場需求，如果缺乏持續的創新，那麼，中小企業固守單一產品的生產，將是極其危險的。

　　產品生命週期過去應用於，商業活動的評估時，係基於成本概念、行銷模式，和產品的規劃策略等項目，作一系列的分析研究。著重於商品的設計製造、研究改良、市場需求分析，及售後服務等開發週期階段，而產品淘汰和棄置，則未納入考慮分析，因而忽略了產品實體的生命週期，如環境影響衝擊分析研究。不過在綠色環保時期，產品淘汰和棄置，則應加以考量，才不會受到消費者的排斥與抗拒。

　　生命週期評估（life cycle assessment, LCA）是衡量產品生產，或人類活動所產生環境衝擊的工具。完整的產品生命週期評估，是針對產品的原料取得、製造、行銷、使用，到廢棄及最後處理等各個階段，即包括由產品的搖籃到墳墓（cradle-to-grave），所有生命週期階段。評析每一個階段，對整體環境生態影響，及潛在的環境衝擊，

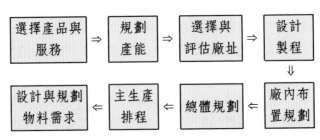

圖3-1　生產與服務作業規劃

這是企業在21世紀，必須努力的方向。

3.3 產品開發

市場環境的快速變遷，企業對於新產品開發活動，要求更高的彈性與應變速度。不過過程需要投入大量的時間與金錢，因此，如何有效規劃新產品開發程序，與管理新產品開發的活動，是所有企業都關注的重要課題。

新產品開發的目的，究竟是為什麼？對於企業而言，每一項產品的開發，都是企業在追尋永續發展過程中，持續的創新行為。但是對於消費者呢？企業如果不能滿足消費者的需求，這些創新行為又有何意義呢？所以為了企業的永續發展，新產品最主要的訴求應該是滿足消費者。但因為許多企業的焦點，不夠集中在消費者的滿足身上，這也就是為什麼，許多大量資金投入研發，可是所生產出來的產品，卻沒有市場競爭力，顧客需求卻不能滿足的原因。

企業如何去了解消費者的需求，並提出吸引消費需求的新產品概念，將是新產品開發的重要議題。不過要強調的是：消費者在表達其需求時，多屬於語意型的心理層面感受（例如：風格、觸感、便利、輕巧美觀等），需要轉換成為產品的功能特色（例如：形狀、大小、電池壽命、處理速度等），這項轉換過程，通常就是許多企業的失敗所在。

由於企業的組織文化、產品型態、經營策略、管理風格的差異，企業往往採取不同新產品的開發程序。但經過長時間以來的發展，企業已發展出一套模式，那就是必須先有產品創意來源。無論這是來自於企業內部創意或顧客需求，產生新的產品概念之後，都要進行市場機會分析、銷售量預測、財務預測，以明確新產品的市場機會，與檢測新產品開發有關的決策。完成產品原型開發後，要先進行

試產與市場測試，以便在正式上市前，有修訂與彌補的機會，並為量產與上市做最充分的準備。

一般新產品開發的程序步驟為：

一、產品創意來源

產品的創意來源，可以是多元的，也可以是單一的。新構想的內部來源可能是來自公司自有的研發工程師、製造人員、行銷人員等。外部的顧客、經銷商、供應商、競爭者，消費者調查，或其他像貿易機構之類的其他資料，廣告代理商甚至是政府機構，都有可能是新構想的來源。

二、創意篩選 （idea screening）

篩選的目的，是要挑出好創意，並儘快地剔除不佳的創意。公司常會發現相當多的創意，但大多數都不符合商業類型。創意的篩選與評估，攸關產品整體發展的成功所在。為避免無謂的損失，在有了產品創意來源之後，應該建立創意篩選與評估的準則，進而對於每一項標準，給予適度的權重，最後決定每個準則的衡量尺度。透過這些標準與衡量，可使企業過濾出，較易創造利潤來源的新產品構想。

三、產品概念發展

具吸引力的創意，必須進一步發展為具體的產品概念。假如一個公司想要將其實驗階段的手機商品化，就要將此項新產品，發展為數個可供選擇的產品概念，以找出每一個概念，對消費者的吸引力為何，並選出最佳的一個產品概念。

這一步驟是綜合各組織成員，與企業關係人需求與意見而成，譬如：行銷部門重視的就是客戶的心聲；製造部門最為重視製造的品質、成本控制、製造資源能力與產品生產的契合程度等；研發部門則是重視新技術的採用，產品功能的設計，涵蓋：產品外觀造型設計、

色彩方案設計、工藝設計、材質選擇設計、界面設計（人機）、易用性、易維護性、安全性等。面對許多部門間的觀點、業務與功能，衝突難免會有。所以就原則上來說，產品開發的溝通與協調，極為重要。

四、商業分析（business analysis）

產品需求分析與概念測試，是產品開發的源頭，決定了80%未來產品上市後的成敗；事實上，也大大影響了產品開發流程中，執行的品質和效率。商業分析的主要內容，包括對新產品銷售量、成本及獲利預測的檢討，以確定這些因素是否滿足公司的目標。因為對新產品的投資回收，若沒有做過精細而科學的商業分析，對企業的生存與發展，都是負面的因素。所謂「多算勝、少算不勝」，企業絕不能過於自信，而僅從自我利益觀點出發，來設計新產品；必須要從全局出發，考量消費者需求滿足的情形，競爭者的強弱與優劣，進行綜合考量。從很多失敗的案例得知：他們的失敗是因為，這些公司僅僅認為，做好外觀造型設計就等於一切。

五、產品原型的發展

產品觀念被發展為實體產品，通常產品需經嚴格的功能測試，以確保它們安全有效地運作。新產品的原型，必須有的功能性規格，以及傳遞欲傳達的心理特質。雛形是產品概念具體化的結果，較多由研發人員、製造工程人員、與行銷人員共同參與發展，主要做為新產品試產與試銷的工具。當完成該設計，製造商需要決定產品的成本和銷售價格，以取得利潤與報酬。產品雛型發展完成，如成本太高，產品需再設計，或改選用一些較便宜的物料。新產品經反複修正後，終於完成最終產品。接著則是展開，試產投入與市場行銷計畫。

六、試產與試銷（test marking）

產品及行銷策略，可以在更實際的市場環境下，對新產品進行測試。試產與試銷的目的，在於減低產品上市的風險性。試銷可在耗資極大的全面上市前，讓行銷人員體驗行銷此產品的經驗，並對定價、通路規劃、促銷手段、產品定位、人員訓練、後勤服務支援規劃等，有更周延的規劃。儘管行銷計畫早在產品概念階段，即已著手進行，但必須產品實際完成並試銷後，才能具體的定案執行。

在試銷過程中，經常會犯的七項錯誤，應該要避免，

1. 未能確認目標客戶：

    有些新產品（改良品）上市，對現有的顧客，不具很大的吸引力，所以上市前應設定目標對象，提供客戶同類產品前所未有的利益，才能吸引更多顧客上門。

2. 重要資訊忽略：

    大部分的模擬試銷，僅根據消費者對新產品，和同類商品的特性、利益作比較，如果想衡量新產品的訴求力，還要注意同類商品所沒有的利益，而不單只是在相同的特點上反應。

3. 對廣告期望過高：

    大部分的模擬銷售，都是依據廣告的反應，和自動進貨的假定水準，來衡量銷售潛力。為避免淪於不切實際的高水準預測，還必須對實際情形加以了解。

4. 市調不精確：

    所進行市調研究的準確度不夠高。

5. 行銷計畫錯誤：

    本來有希望成功的產品，可能因為行銷計畫，考量的要素未臻周全而終告失敗，假如能使試銷做得完美，結果的正確性也愈高。

6.　未確定衡量指標：

　　什麼是銷售成功的情形？什麼是失敗的情形？所設定的廣告及促銷費用是多少？這些在試銷前，就應該先知道答案，如果不能事先知道答案，就必須自定一個試銷的銷售水準，以評估銷售是否成功。

7.　過分信賴試銷：

　　有一些因素會影響到，已觀察的購買率，例如特殊節慶、銷售據點等。一旦節慶過去或據點更換，都可能與一般實際銷售的水準有所落差。

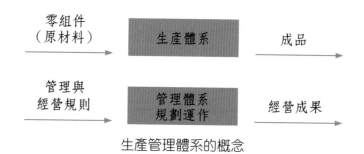

生產管理體系的概念

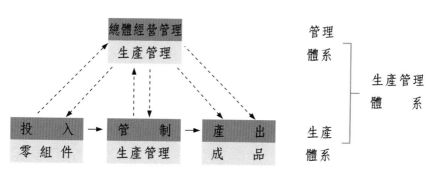

--------- 資訊的流程

─────── 資材的流程

總體經營管理體系

圖3-2

七、量產與市場行銷

推出新產品的企業，首先須決定的是產品推出的時機（timing），其次，公司必須決定在哪裡推出新產品，是從單一地點推出，還是由單一區域、或在全國市場推出，抑或是在國際市場全面推出。具有國際配銷系統的公司，可以透過全球同步系統推出新產品。

「速度」已成為21世紀，企業贏得訂單的關鍵因素，而推動新產品快速上市、快速量產、快速變現、快速反應客戶的需求，更是企業創造競爭優勢的不二選擇。如果上述程序是採循序漸進的步驟，那麼該模式的彈性，與靈活應變的程度相對較低，部門間的聯繫與溝通較難，產品開發責任的成敗不明確。相對的優點是：能確保相關新產品開發，所可能面臨的議題或困難，均可經事前的詳細評估，而降低產品開發的風險。另一種常被運用的模式，是同步工程（concurrent engineering）模式，這種模式是將與新產品開發，有關部門的人員，通通整合起來，並以團隊合作方式來運作。

3.4 廠址規劃

在微利化的時代，廠址考量與運輸成本，扮演的角色極為特殊。核能電廠的廠址，與大賣場的廠址，或筆記型電腦的生產廠址，顯然有所不同，然而其共同之處，就是必須經過審慎的挑選。以核能電廠為例，所考慮的因素，包括地質狀況、氣象、水文等對核電廠安全，有所影響的地理特徵因素。對需耗用大量能源的工業而言，其設廠區位傾向能源充裕的地區。易腐、價廉，且需求量大的原料；或生產過程中，重量損失極大的原料，設廠區位趨向原料產地，如：罐頭、製糖等工業。對於一些需要大量勞動力，但技術要求不高的工

業，如：紡織、玩具、電子工業，設廠區位趨向於工資低廉的地方。

　　通常廠址規劃（facilities location planning）應考量：原料供應地點、市場地點、運輸成本、勞工供給（質與量）、交通狀況、吸引力條件、是否接近供應商或消費者。這因變數的重要程度，依產業不同而有很大的差異。以下作更細緻的區分。

1.　交通運輸因素：

　　　連接主要幹道，及高速公路的方便情形。

2.　基地因素：

　　(1) 面積大小；

　　(2) 對外進出及面臨道路門面寬度（公尺）；

　　(3) 形狀（長方形、正方形、不規則）；

　　(4) 坡度情形及排水情況；

　　(5) 地質及土壤承載；

　　(6) 基地內外是否需要再改良，整地等及鋪設必要工程，或拓寬對外通路等；

　　(7) 土地使用區域的許可使用項目、建蔽率、容積率及退縮標準；

　　(8) 接水、接電、電信、網路、供氣、污水排放，排水設施等遠近及費用；

　　(9) 環保法令的限制，個別產品設廠標準及地區限制（GMP）；

　　(10) 地價稅率；

　　(11) 基地周圍土地使用情形，是否有衝突使用情形；

　　(12) 未來的擴充性；

　　(13) 價格及付款條件；

　　(14) 產權及所有人；

　　(15) 是否可以融資，以及融資成數的高低；

　　(16) 轉售及增值的可能性；

　　　　(17) 管理機構有無及費用。

3.　市場因素：

　　(1) 市場潛在成長；

　　(2) 競爭者之設廠區位。

4.　當地投資法令：

　　(1) 對產業項目之誘因及管制；

　　(2) 環境管制法令及態度；

　　(3) 勞動法令的限制；

　　(4) 各項租稅法令。

5.　勞力因素：

　　(1) 工資水準；

　　(2) 生活費用；

　　(3) 勞動力供給情形（半技術性及技術性勞動力來源）；

　　(4) 生產力高低。

6.　水源供應：

　　(1) 水的供應情形，

　　(2) 水質。

7.　電力供應。

8.　環保設施供給及處理情形：

　　(1) 污水處理設施及排放口申請遠近；

　　(2) 事業廢棄物處理設施及能力。

9.　電信及網路設施供給情形。

10. 當地氣候及地質條件。

11. 協力廠的遠近支援便利性。

12. 原料來源及運輸的可及性。

13. 其他支援性服務：

　　　　機器設備維修，工商服務，報關，貨運行，銀行等。

14. 當地社區的態度：
    (1) 當地居民對工廠的態度；
    (2) 相關學校、醫療服務水準及數量；
    (3) 休閒及娛樂設施。

　　台灣產業近幾年來因環保、土地、薪資與經營成本逐漸增高，掀起第一波產業外移；另一方面，在全球化的浪潮下，國與國之間的距離大為縮短，各種生產要素在不同國家之間的流動，也就更為快速與頻繁。國外設廠可以靈活就地取材，生產合乎總公司要求規格的產品，並接受總公司做全球市場運籌的調派，雖然資金大筆大筆的投向海外，但是遍銷全球，並滲透生產國市場的行銷手法，不但提高了該企業全球市占率，也提高了該公司的獲利率。在尋求企業永續經營，與提升競爭力的整體考量下，跨國投資與企業全球化布局，已經是我國企業思考與實踐的方向，所以廠址的選擇，已成為不可忽略的重要議題。

　　廠址選擇之後，緊接著就是廠房布置規劃（facilities layout planning），它所強調的是，必須有足夠的空間作為工作區域、放置工具與設備、存放原材料及加工品、維修設備、休息室、辦公室、餐廳、接待室。一般企業常運用產品布置（product layout）、程序布置（process layout）及定點布置（fixed-position layout）等三種方式，進行廠房布置規劃。就產品布置的方式而言，是指將機器和人員，依產品製程及操作次序，安排而成的生產線形式；程序布置則是將相同功能的機器、技術人員或作業，皆聚集在一起，而形成一個工作中心或部門；定點布置則是考量，產品的重量與體積，所以固定不動，而將加工設備、工具、原料及作業人員，移到產品所在之處加工。

3.5 現代生產管理新觀念

對製造業而言，生產線是主要的管理對象，是分秒必爭的一個重要部門，一天二十四小時，浪費一分鐘，就少了一分鐘的生產實績，無法補救，所以生產線的「管理幹部」責任之重大，由此可知。生產經理在管理程序上，應負的職責如下：

(1) 計劃：①生產規劃、②產能規劃、③地點規劃、④產品與服務、⑤布置與專案、⑥日程安排；

(2) 組織：①集權與分權、②自製與外包、③採購、④加班；

(3) 用人：①招募、訓練、②考績、獎懲、③升遷、辭職；

(4) 領導：①工作命令、②工作指派、③鼓舞士氣；

(5) 控制：①生產管制、②存貨管制、③品質管制。

為因應高度競爭的市場環境，在生產領域必須有現代生產管理新觀念。目前已被企業廣泛應用的一些新管理觀念，主要有四大方面。

一、企業資源整合系統

「企業資源規劃」（ERP）可以告訴企業決策者，這個訂單能接嗎？為什麼它有這個即時功能？因為這個系統涵蓋企業運作的各個功能，包括行銷、業務、客戶服務、工程、製造、物料、存貨管理、採購、倉儲、運籌管理、成本控制、會計及財務、人力資源、品質管制等重要經營資訊，都建立在這整合的電腦資料庫上。企業資源整合系統的核心管理思想，就是供需鏈的管理。

二、企業數位化

若公司能充分的利用網路及IT技術，就能使企業的經營管理，產生更大的績效。企業要朝e化方面來發展，其功能最能展現在以下四

方面：

（一）及時生產（JIT：just in time）

這是豐田汽車（Toyota）所發展得很成功的生產管理系統，稱之為TPS（Toyota production system），其基本理念在於零庫存、平準化生產、百分之百良品。豐田汽車在生產管理上，賦予員工權柄，當發現問題時，可即時停止生產線運作，透過集體討論解決問題，以減少瑕疵品。JIT的理念，與做法對製造業甚至服務業，帶來很深遠的影響。

（二）精實生產（lean production）

數位化能幫助企業，追求最高效益的生產方式，特別是對於製程短、生產效率高、成本低、交期短等。此外，精實生產就須要精確的數據，有了精確的數據，比如說「今年要開發多少新客戶」的目標，就可以化為每月至少和50人交換名片，從中選取10人後續連絡，據此估計完成行動，所需的時間。

（三）全面品質管理（TQM：total quality management）

ISO 9000系統的建立與推動，全面品質管理的引進與推行，無非是要確保生產品質，甚至服務品質。尤其是TQM，更是追求全面性的品質。自1980年中期，開始推動的ISO 9000與TQM，如今已成為企業日常的管理。

（四）流程改善（BPR：business process reengineering）

製程是影響產能的重要因素，透過BPR，針對製程、採購流程、研發流程等，進行徹底而有高度成效的改善。

三、六個希格瑪（six sigma）

傳統的品質管制，起源是在1924年，由美國貝爾電話實驗室（Bell Telephone Laboratories）的工程師蕭華德（W.A.Shewhart）提出三個希格瑪的管制圖後，逐漸發展，最後變成一套現行的品質管制系統。從那時開始，大部分的產業，都遵循著這三個希格瑪的標準，從規格訂定、原料驗收、製程檢測直到成品檢驗，都是以三個希格瑪為判斷基礎，而六個希格瑪的標準，則是把品質水準又往上推升。

工業產品愈來愈精密，從幾十個元件變成幾百、幾千、幾萬到幾千萬，元件數目的增加，勢必帶來其中任一個元件，或數個元件發生故障的機會增加。在構造愈複雜的狀況下，一旦發生故障就不是一般使用者所能排除，必須由專門技術人員來修復，無形中增加顧客的時間及金錢支出，極易引起顧客的不滿。六個希格瑪的目的，就是期望能在製程上，做到接近零不良品的製程（near zero nonconformity process），譬如：供應商送交來的元件，一百萬個中，只允許有三點四個為不良品；現場的作業員，每操作一百萬次，只允許有三點四次的失誤。要做到這種標準，所有的生產條件，都必須要在完美的狀況下才能達成，也就是說人員、材料、設備、操作方法、生產條件（如溫度、壓力、無塵）等，一點都不能有所差錯。六個希格瑪的實質內涵是：根據統計學的科學管理方法，徹底降低產品的變異數，大幅提升品質，增加獲利，因此許多企業得以屢創佳績。

四、外包（全球委外生產）

生產模式出現了一項重大變革，那就是「外包」。管理學理論認為，企業為了壓低成本，提高競爭力，應該把非核心業務外包出去。最有名且最成功的案例，是戴爾電腦。戴爾電腦將所有的製造、開發過程全都外包給台灣的電子廠商，只專注經營品牌。不用自己花錢蓋工廠請勞工，甚至連出貨都由代工廠負責，成本低而利潤高，賺了很

多年。只不過，戴爾因為這套外包生產模式太成功了，漸漸地什麼都不做，也什麼都不會做。結果，當電子產品轉入後PC時代，加上原本替戴爾代工的電子廠，紛紛自己推出電腦與品牌，戴爾反應不及，市占率與利潤也快速萎縮。一家企業要生存，不能只看見短期的利潤，而將所有的業務，全都外包化。

3.6 生產過程

產品的生產過程，是企業生產過程的核心部分。它是由一系列生產環節所組成，從投入資源到加工處理成為產品，一般包含加工製造過程、檢驗過程、運輸過程和倉儲等。

廣義的生產過程，是指企業生產過程和社會生產過程。企業的生產過程，包含基本生產、輔助生產、生產技術設備和生產服務等企業範圍內，各種生產活動協調配合的運行過程。社會生產過程是指從原材料開採，到冶煉、加工、運輸、儲存，在全社會範圍內，各行各業分工製造產品的運行過程。狹義的生產過程，是指產品的生產過程，更精確的說，是對原材料進行加工，使之轉化為成品，一系列生產活動的運行過程。成本、效率和管理，是生產過程中的重要元素，它們互相配合可大大提高生產力。在生產過程中，許多偶發事件常使工作任務，遭到挫折。例如停水、停電、工人生病、機器設備發生故障，原物料欠缺等。

一、物料需求規劃

物料管理包括採購（Purchasing）、存貨管制（Inventory Control）、驗收（Inspection）、運送（Delivery）、儲存（Warehousing）。

為保證工程順利施工，施工前，應做好物料及施工設備的採購，因此，物料需求規劃與管理，是企業運作上，極為重要的一環。但什麼是物料需求規劃呢？

1. 美國生產存量管制學會，對物料需求規劃的定義：

    「是利用物料清單（bill of material；BOM）、物料存貨、與主排程計畫（master production schedule；MPS）以計算各種物料需求，以有效降低物料成本的一種技術。」

2. 國內學者陳銘崑的定義為：

    「一種控制存貨的電腦系統，其下達製造及採購命令，適時、適量地取得正確品目的物料以達成主生產計畫（master schedule）的需要。本系統可經由適時的下達製造及採購命令，有效控制半成品（work in process；WIP）及原物料的庫存。」

3. 國內學者傅和彥：

    「所謂物料需求計畫，係指利用生產日程安排總表、物料零件表、存貨、已訂未交之訂購、前置時間……等各種資料，經歷一套縝密而且正確的計算後而得。」

    簡單的說物料需求規劃（material requirements planning；MRP），係指利用個別產品所需要的原料，及零組件等系統，來做為從事採購、存貨以及排程等作業的一個系統。其目的在於確保所有的原物料及零組件，在需要時，均可充分供應。在物料需求規劃之後，緊接的就是採購、驗收、進庫、物料出庫、裝運及生產。

二、設計產能

產能與產量的意義不同，產能的意涵是：企業能達到的最大產量；產量則是實際出產的數量。產能以時間為依據，單位可設定為秒／分／小時三者之一。設計產能是在設計生產過程時，設定最高的產

能，即最高產能或理論產能，通常是生產過程中，可長期負擔的最大產量。產能設計不當，就易引發產能過剩、價格回落、利潤下降、市場萎縮、虧損面增加等不利影響。

產能設計四要如下：

1. **要先建立年度工作曆：**

譬如按部門別工作曆、工作中心別（work centers）工作曆，或產線別工作曆……等，以利於產能規劃時間的排程。

2. **粗略產能規劃（rough-cut capacity planning; RCCP）：**

將公司原訂計畫性的生產，依工作中心負荷與用料計畫，估算期間等各種因子，推算出模擬產能，供生管、業務人員等進行產銷協調，以達最適切的生產產能。

3. **細部產能規劃（capacity requirement planning; CRP）：**

細部屬於精確評估，詳細估算工作中心的負荷，與生產計畫的用料需求，估算所需訂單需求量，求出目前的所需產能與可承諾量，以供生管與業務人員參考與協調。

4. **前／後推算：**

將市場的需求量納入，依產能負荷進行預估，其估算的方式，可採向前推算或向後推算，精準的推算，每日工作的生產排程。事實上，企業完整的產能負荷究竟是多少？可依每週或每日的工廠負荷，及投入／產出資料進行分析，查詢並統計出更詳細的資料。

三、品質保證

品質管制的目的，可分成三種，一是降低成本（Cost Reduction），這主要是由避免報廢或重製；二是提高產品品質（Quality Improrement）；三是縮短交貨時間（Shorten Delivery Time），這也是因避免或減少重製。

要達到品質保證，就先要進行品質管制。品管是指監控產品的外觀、表面光澤、重量、強度、濃度、顏色、味道、性能、可靠度、操作及服務，從而確保品質能符合預設的標準。品質的全部內涵，有四方面的講求。

1. **產品品質（quality of product）：**

    強調產品的研發，與製造的品質。

2. **過程品質（quality of process）：**

    要求工作及服務顧客的系統品質。

3. **環境品質（quality of environment）：**

    結合生理、心理環境及硬體環境的品質。

4. **管理品質（quality of management）：**

    規劃人力資源應用與經營決策的品質，適合企業文化及人性文化的品質。

品質可經由檢查、製造、設計、管理等措施與制度，達到品質保證的標準。從品質管理制度的發展而言，最早的品檢（quality inspection）制度、品管（QC）到品保（QA），發展到全面品管（TQC）制度。實施全面品管（TQM）的核心精神，主要是重視顧客需求導向，並對組織內、外環境做有效的溝通，以便蒐集情報，並精確衡量顧客信賴標準，做為企業經營的參考。全面品管的基本原則是：(1)達成顧客需求。(2)持續改善。(3)賦予品質責任。(4)系統策略流程。其實最早提出「全面品質管理（TQM）」並不是企業，而是1980年的美國國防部。其原始定義是：一種理念及一系列的指導原則，以建立一種持續不斷改善的組織。而此一方法的精神應用在企業，則是以統計的方法和人力資源，促使現在及未來都一直設法改善，並提供組織的物料、服務及組織內部所有的過程，以達到顧客的需求。為達這項標準，應增強企業員工向心力，接受最高管理者的支

持及指導，促使全體員工熱誠參與訓練，以保證企業勞動人力長期性奉獻與承諾。

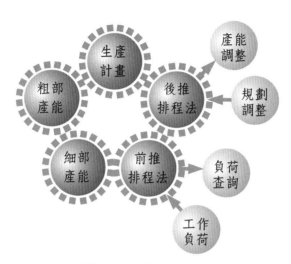

圖3-3　產能規劃

「排程」是時程安排的簡稱，它是就個別產品所須的物料、人力及設備，建構成詳細生產活動的時間表。

表3-2

機器設備能力	以機器設備導向的製造業，尤其是高度自動化的工廠，掌握機器設備能力就等於掌握了八成以上的影響力，自然以機器設備為中心來討論產能。
人員產能	人員產出能力並非單指勞動力而言。即使是自動化、半自動化的工廠更需要高素質的操作與維修技術人員來運作，而高科技人才對產能的影響度愈形重要，企業必須摒棄以往先買設備，再僱用人員的觀念。
其他資源產能	包括土地、廠房、環境、交通、制度、產品的生命週期等等……均會對產能造成影響；而協力企業（外包工廠、衛星工廠）的產能也是因素之一；另政府政策，如工時、稅率、外勞政策……等等，均不能不加以考量。

3.7 存貨管理

　　存貨是指貨品的儲存或貯藏，製造公司儲有的是原料、零件、半製成品、製成品以及機器、工具或其他消耗品等。有效的存貨管理（inventory management），是企業營運成功的關鍵。傳統上，存貨被視為公司一種必要的資產，任何一個企業，不論其規模大小，為了滿足市場或客戶的需求，或多或少都有存貨。但過多的存貨，將導致資金的積壓（存貨成本），其中包含了各項倉儲管理費用、保險費用、過時淘汰以及機會成本等。通常每年的存貨成本，約為存貨價值的30%左右。如果公司產品是對時間相當敏感的高科技產品，例如電腦或電腦周邊產品，因過時淘汰所帶來的成本，則更為的驚人。因此，存貨的管理，對整個企業發展的重要性不言可喻。

　　其實存貨主要在避免需求變動，所造成的停工待料，或避免成品缺貨而失去客戶，及延遲裝運的過程。存貨水準有「最低存量」（Minimum Stock）與「最高存量」（Maximum Stock）之分。最低存量是為了確保，生產所需物料庫存數量的最低標準。存量應該多少才合乎經濟原則？若存量管制得不適當，可能造成存貨過剩或不足。存貨過剩造成存貨週轉慢與資金凍結、貨品變舊折損或陳腐、貨品流行過時等損失；存貨不足，會造成生產線停工待料、缺貨損失、銷貨損失、顧客不滿、顧客走失等成本。無論如何，存量過多或太少，兩者皆會造成存貨成本增加，進而造成企業經營的壓力。

　　存貨管理的整體目標，是在存貨成本維持合理範圍內的情況下，達到滿意的顧客服務水準（即貨品品質佳、數量足、地點正確及時間正確）；另一則為減低所提供的消費者高水準服務，所產生的成本。為了達成此目標，決策者必須在庫存方面取得平衡。其要做的兩種基本決策，為訂購的時機與數量（也就是何時訂購與訂購多少）。拜高科技之賜，許多廠商利用量身訂作的電腦軟體系統，來研判其庫

存量，以決定哪些產品在適當期間，需做降價促銷的活動，以出清存貨。

對於大多數的企業，良好的存貨管理，顯然非常的重要。雖然不同類型的公司，所持有的存貨量及其金錢價值變化很大，但一般公司所持存貨，約占其現有資產的30%，而投資於存貨的資金，可能相當於其營運資本的90%。良好的存貨管理，對於作業、行銷與財務，都能獲得較佳的利益。不當的存貨管理，則會妨礙作業，降低顧客滿意度，以及增加營運的負擔與成本。

3.8 服務業管理

傳統的觀念，認為只有出產實物產品，才算是真正的生產，像貿易、金融、通訊、文教、醫療等不是生產，不過這樣觀念，已產生重大改變。我國企業將服務融入生活，在地創新，靈活應用資訊科技提升品質，不只形成台灣企業獨特的服務文化，更在海外複製成功的模型，成為台灣轉型為服務經濟的一股動力。王品台塑牛排的美國品牌「Porterhouse」，連續三年成為美國葛萊美獎晚宴的指定餐廳，並榮登美國線上（AOL）網路調查中，全美服務最佳的餐廳之一。

近年來台灣服務業快速成長，促使服務業在台灣經濟發展中，占有舉足輕重的地位，並帶動台灣邁入以服務為導向的時代。要做好服務業管理，就應該從服務接觸出發，從首至尾詳加規劃，不漏掉任何一個細節。這裡所指的服務接觸，是指顧客與服務機構直接互動的過程，也就是顧客與服務傳遞系統（service delivery system）的互動，包括服務人員、實體設施，以及其他有形的因素。儘管有些人認為品管，多半用在控制流程，因此對工廠作業的管理，較能看出效果，在服務業上，諸如：餐飲、醫療、銀行業等，較無法有效看出效果。其實不然！在總體服務過程中，只要能注意以下十四項環節，強化顧客

滿意與服務管理，不是不可能。

一、人才培訓

對於顧客而言，「服務人員」就代表企業，服務人員的表現水準，會直接影響顧客的滿意程度和對企業的印象。因此，對企業而言，最重要的稀有資源是受過良好訓練，並且具備服務導向的員工。

二、服務特質

服務本身的商品，具備無形性、不可分離性、異質性、不可儲存性等四大特性。由於服務業的產品，難以重新製造，所以服務的一致性，是服務業爭取顧客的關鍵。譬如，王品集團對於服務，都有SOP的標準作業程序。

三、成本與價格

以往服務業訂價標準中，作業與傳送成本偏向於無形，不容易完整計算出來，不過今日已有重大改變。譬如運輸業的油價，電信業固定成本與人力成本，都是可以精算出來。

四、通路

企業必須有能力，提供與顧客所期望或更高的水準服務，要達此目標，服務業的通路就扮演重要角色。因為通路的功能幾乎都是直接銷售給最終使用者，因此服務形象極為重要。此處所指的服務形象，是服務提供者所提供的服務，以及服務提供過程中，顧客所感受到、所看到的或是所聽到的印象、認知或看法的綜合體。

五、專業

服務業的無形商品，服務人員或服務系統，必須具備傳遞服務的動機、能力、技巧和工具，爭取消費者的信賴，為首要考量要件。價

格競爭的重要性居次。譬如：有人在石門水庫旁吃「活魚」五吃，結果不小心，被刺卡在喉嚨。商家立刻拿出麥芽糖（軟軟具流動性，給被刺卡在喉嚨的人吃，立刻解除客人危機。）

六、顧客差異化

不同等級的需求差異，所給予不同的服務。

古人有云：「用兵之道，攻心為上，攻城為下，心戰為上，兵戰為下。」事實上，這樣的道理在商場一樣適用。由於服務業的產品，難以重新製造，所以須重視個別顧客的差異，尤其是心理差異，給予所需的滿足，是服務業成功的關鍵。

七、評價標準

服務業的服務標準，是顧客主觀認定的，尤其顧客投入的感情，是服務業必須全力以赴所要爭取的所在。

八、競爭訴求

服務業是強調為人服務的行業，企業成員在與顧客接觸時，應著重於提供的服務品質與情感上的互動，隨時加強服務便利性、讓流程更順暢、態度和藹可親。

九、重視數位

服務業包括服務作業系統與服務傳送系統，若要做到顧客滿意，就必須做好傳送部分與改善作業系統。客戶服務不僅只是第一線客服人員的貼心與隨機應變，如何融合企業內外，既有的服務流程體系，甚至創新規劃關鍵時刻的客戶接觸點，都是服務業不得不正視的課題。隨著數位技術的快速發展，新的數位營運模式展露頭角，企業服務系統應有所改進，才能給予消費者更佳的服務品質。

十、顧客關係管理

服務管理不分東西南北、古今中外，其根本的原則是，誰能掌握消費者的心，誰就能夠成為市場上的贏家。服務業的變數相當多，但越清楚顧客的需求，就越容易建立顧客關係管理。

十一、經營策略重心

善待員工是服務利潤鏈最重要的環節，員工滿意度與忠誠度提高，方能驅動企業生產力與外部服務品質與時俱進。所以服務業不只應經常探求，顧客的需求，與長期維持顧客等顧客滿意的議題，更應重視內部員工的滿意。因為沒有滿意的員工，要他們如何對消費者，有讓人感動的付出，那都是緣木求魚，都是假的！

十二、市場情報

服務業偏重蒐集服務與顧客關係活動的情報，重點在於顧客的反應與意見，然後再回饋到服務管理。

十三、顧客參與

服務業從後場作業系統，到前場傳送系統，全面開放顧客參與的可能性較高，而且參與程度越高、活動種類越多、越容易建立顧客關係。目前很多服務業，已將顧客當做共同生產者（co-producer），甚至視顧客為半個員工（partial employee）。由於顧客出現在服務現場，服務管理者必須特別注意，服務環境對顧客的影響。對顧客而言，服務的消費利用，實際上是對服務環境的一種經驗，所以服務組織的內部裝潢、家具設備、空間配置、聲音和色彩等，都會影響顧客對服務的整體感受。所以，以服務接觸（service encounter）為焦點，分析顧客與服務環境的互動過程，了解顧客如何從服務環境中，蒐尋有形的線索以評價服務，遂成為服務管理的重要課題。

十四、顧客滿意

充滿朝氣的笑容，親切地招呼每一位蒞臨的顧客，以求顧客滿意度達到最高，是服務業成敗的關鍵。事實上，服務業顧客滿意的方式各有不同，但原則是應提供感覺、創意、興趣、體驗，更藉由資訊科技及新管理典範，達到情緒、感性、便利、速度、資訊等，來提高顧客滿意度。

好的服務品質，是打動人心的關鍵。企業可藉由上述十四項要點，將預先擬好的相關問題，經由問卷調查，或與客戶面對面的訪談，找出哪些是客戶對公司服務品質滿意的地方，而哪些是需加強，或急需迫切改善的地方，並將各環節的客服關係勾勒出來，讓組織內部能進一步地了解市場，與客戶間的互動關係，並做正確的行銷規劃。

腦力大考驗

一、什麼是生產與作業管理？是否可以簡單的用一句話表明？

二、生產管理的目標是什麼？可否扼要的說明。

三、常聽到第一、二、三級產業，它到底指的是什麼？

四、產品的創意來源，可能來自於哪些地方？

五、在試銷過程中，經常會犯哪七項錯誤？

六、企業朝e化發展，已是必然趨勢，哪麼究竟e化有何功能？

第 **4** 章

行銷管理

11月11日「光棍節」

　　11月11日因有4個「1」，被大陸年輕人戲稱為「光棍節」。大陸的1111網購活動，是2009年由天貓（前稱「淘寶商城」）開始推廣，以「光棍節」為名，給予網購的特惠活動。以「光棍節」炒作的「單身經濟」效應，商機實在驚人！2012年「光棍節」活動，不到1分鐘，就有1,000萬人湧上天貓商城（品牌淘寶直營店），10分鐘的交易額，就突破了2.5億人民幣，幾乎是2011年同一天的交易額四倍。2013年在活動開場後的55秒，交易額就突破1億元，當日成交總金額達350億元人民幣，消費規模之大，直逼美國的感恩節。如今，「光棍節」被媒體戲稱為「新中國消費日」，同時也顛覆了大陸傳統的消費模式。「光棍節」所創造的新商機，連紐約也擋不住巨大利益的誘惑，著名的奢侈品百貨Barneys，及其網路折扣店也跟進，除了特別折扣外，「光棍節」當天對中國大陸及香港的顧客，還特別提供免國際運費的優惠。

從理念、商品、服務、訂單、促銷及配銷等活動，到規劃與執行的過程，經由這個過程及交換活動，來滿足個人與組織的目標，即是行銷管理。企業行銷目標是多重的，基本上，涵蓋營收目標；獲利目標；市場占有率目標；顧客滿意目標；企業形象目標；行銷資源運用目標；顧客價值創造。

在商品普遍標準化的成熟時代，新式的競爭，並不在於產品的競爭，而在於附屬產品上的包裝、服務、廣告、顧客諮詢、融資、運送、倉儲，及其他消費者重視的項目上。因此，行銷不再只是行銷部門的工作，而是從商品的研發、生產、運籌、銷售，到售後服務等，都必須融入市場觀念與行銷意識。舉例來說，產品的設計或規劃，不再只是技術人員，基於對先進技術的掌握與熱衷，一味地在既有產品中，添加新的功能，而是依照不同屬性的消費者，設計多樣化的產品，甚至是在消費者，實際提出需求之後，才量身訂作。如何在行銷活動上，加強產品的附加價值，以引起消費者的共鳴，是行銷的當務之急。

今日的行銷市場漸趨複雜，為達到上述的目標，企業各部門應與行銷企劃人員充分配合，以掌握市場、產品、通路，才能創造企業最高的價值！

 4.1 消費者購買程序

消費者行為（consumer behavior）是指購買產品或享用服務，這些消費者的決策過程與行動。消費者的決策過程，首先是決定評估準則，而評估準則是用來評估選擇方案，特別的構面或產品的屬性。以行動電話的衡量項目為例，通話品質、通訊範圍、服務、價格、附加功能，都是主要的評估準則。

影響消費者行為的因素是多元的，基本上，可歸納為四大類。

第一是文化因素；第二是個人因素；第三是社會因素；第四是心理因素。影響消費者行為中的文化因素，有文化、次文化及社會階層等重要變項；個人因素則有年齡、職業、經濟狀況、生活型態及人格特質；在社會因素方面，最主要的是參考群體、家庭與結構，在社會所處的地位等；心理因素為動機、認知、學習、信念及態度等。

消費者行為的發展，約從1950年代開始，早期以研究購買動機為主，一直到1960年代後半期開始，才有比較完整的消費者行為模型產生。後來消費行為的發展，以決策過程（decision process）為主，加上影響消費行為的幾個重要因素，使得消費者行為的研究，逐漸趨於完整。消費者的決策過程，可分為購前階段，消費階段以及購後階段。

一、購前階段

（一）確認需求（recognize needs）

確認需求是每位消費者，在消費前常有的第一個舉動。有些需求可能是消費者本身的需要（如生理需要），有些則是來自廠商或通路的廣告，或其他外來刺激（如社會暗示）。無論消費者是否確認本身真有這種需要，只要潛在需求被挑起後，就會選擇滿足需求的方式。例如：大部分的人雖然都了解高鐵的便利性，但是去了解高鐵是否真的安全，這種決定性的慾望，可能是藉由親朋好友，或其他的原因，最後才去嘗試。

（二）尋找選擇方案（search for alternatives）

確認需求之後的動作，就是去找尋各種可能滿足，這些需求的方案。在選擇方案時，常會藉由過去的記憶，找尋滿足此需求最有效的方法。例如：去明道管理學院上課，選擇國光號或台西客運，因為這兩種大眾運輸工具，都有其便利性。

（三）評估選擇（evaluate alternatives）

　　評估選擇涵蓋個人價值轉換為產品，以滿足需求的過程，所以算是關鍵階段。在消費者挑出的幾種方案後，會利用一點時間，仔細評估每一個方案的利弊得失，並從中挑選最能滿足自己慾望的方案。就以看電影為例：音響設備的重要程度為何？價格是否更重要？環境安全呢？電影院離家的距離（車程問題）呢？在這些因素都納入考量之後，消費者可能有很多要求的標準，此時就須由消費者自己決定，這些標準的先後次序，並訂出最佳方案。

二、消費階段（consumption stage）

　　在達成交易後，就可以利用此產品，來滿足個人生理與心理的需求。因為購買是消費者的行為重心，為求以最少消費完成最大滿足，通常在購買產品時，都會運用邏輯來評估。當所有的選擇，都經慎重的評析後，消費者便會採取行動，去選擇購買最符合自己慾望的產品來使用。

三、購後階段（postpurchase stage）

（一）結束消費者購買過程（end the consumer purchase process）

　　最後的一個程序，即是消費者結束購買的過程。有形的產品，經消費者消耗後，將其垃圾、瓶罐丟掉或放入回收箱即宣告結束。而無形產品的消費，在享用之時，即可享受美好的感官或心靈的滿足（不滿足）。換言之，在產品經購買及使用之後，消費者將經歷某種程度的滿足或不滿足。

（二）評估消費經驗（evaluate consumption experience）

　　消費者往往會回顧，使用此產品的經驗（愉快或憤怒），進而

評析需求被滿足的程度。這項評估動作是很重要的，因為當消費者下次又產生相同需求，在須作選擇時，就會參照此次的滿意程度，修正或加強消費模式。譬如：雖然租了<u>甄子丹</u>「葉問」的動作片，或「金剛」等娛樂片，但如果看完後，距離期望仍遠，就可能會覺得不滿意。

（三）提供回饋（provide feedback）

在評估消費之後，即會對此次的購買進行「定調」，而且一般人通常將會以此結果與他人溝通。無論對此產品的抱怨或讚美，對於提供商品或服務的企業，都會產生不同程度的影響，所以企業越來越重視顧客使用後的經驗。沿用租影片的例子，消費者可能告訴他的朋友，這部影片有多懸疑，多麼吸引人，並試著鼓勵他們去看。相反地，如果不喜歡，消費者也可能告訴朋友，這部片子的內容根本不如外頭的傳言，且試著改變其他消費者想去看的念頭。

4.2 行銷前的準備

歷史證明「適者生存、不適者滅亡」的殘酷事實，決定了企業生存或滅亡的關鍵。目前市場環境的快速變遷，和全球化的衝擊，企業經營者紛紛面臨市場飽和、產品加速淘汰、消費者喜好善變以及國外競爭者湧現等問題。因此單憑行銷主管，直覺的反應和主觀判斷，已無法應付行銷決策上的需要。行銷前的準備，格外的重要，但最根本的還是市場調查與資料蒐集。然而，企業行銷資料很少是單一來源，因此如何將各種資料有效彙整，並進行顧客銷售資料的分析，是行銷前不可或缺的準備。

4-2.1 市場調查

　　如何主動調查與評估市場走向，已是行銷企劃之大勢所趨，同時也是現今企業的重要課題。市場調查可以規劃企業的目標市場，進而確定市場定位，並規劃產品、價格、通路、促銷等活動。市場調查有其一定的程序，分別是：確定研究主題與研究目的、發展研究設計、資料蒐集、資料分析、提出研究報告。透過這些程序，可以有效做好市場調查。

一、市場調查（marketing research）意義

　　係以科學方法（例如：抽樣設計）蒐集市場資料，並運用統計學，產生市場資訊的一系列過程。基本上，它有廣義和狹義之分；狹義的市場調查，係指針對顧客購買行為所做的調查，亦即以購買產品的個人或廠商為對象，以探討產品的購買、消費者的動機和意見。廣義的市場調查，並不侷限於調查顧客的購買行為，調查範圍擴大到顧客、供應商、中間機構、競爭者以及市場營運（marketing）的每一階段，包括市場營運所有的功能、作用等，均為調查研究的對象。

二、市場調查方法

　　全面調查對企業而言，成本過高且耗時過久，並不一定適合企業所需的即時情報；因此抽樣調查（sampling survey），在實際市場調查中，便成為市場調查的重要的方法。它是科學研究方法中的重要技術，其意義是就所要研究某特定現象的母群體中，依抽樣原理抽取一部分為樣本，以作為研究推估母群體的依據。

（一）抽樣調查的原則

　　一般而言，有效的抽樣調查，應具備三項原則：

1. 有效原則：

　　抽樣調查應符合調查目的所需，所獲資訊的價值應超過抽調進行所支付之成本。

2. 可測量原則：

　　抽樣之正確程度必須能夠測量，否則抽調的結果便失去意義。

3. 簡單原則：

　　保持簡單性（simplicity），符合一般統計方法的儉約原則（principle of parsimony）要求，使抽樣調查能進行順利。

（二）定量研究與定性研究

　　市場調查可以用定量研究，也可以用定性研究。前者是預測消費者的活動，後者是了解消費者活動。兩者所使用的方法各有不同。

1. 定量研究：

包括有

(1) 觀察法：觀察消費者在不同情境下的行為。

(2) 實驗法：藉由各種不同的實驗方法，測試各種行銷變數。

(3) 調查法：藉由電話、郵件或線上聯繫等方法，進行資料的蒐集。

2. 定性研究：

方法有

(1) 深度訪談：受訪者被鼓勵自由談論，所從事的活動、態度以及興趣。

(2) 焦點團體：針對特定的產品或產品類別，進行團體的討論。

(3) 投射技術：主要在探測個體潛在的動機。

(4) 暗喻分析：以非口語的形式，表達受訪者的想像。

三、市場調查的主要對象

（一）產品市場容量

　　了解市場中最大的需求量，並獲知市場中競爭者的地位，然後檢討企業本身的產品，在眾多的同類競爭商品中，所占的地位與份量。

（二）銷售潛力

　　此種研究係檢討公司，在特定的銷售區域中，可能擴展的程度及研究各區域相對市場的有利機會。

（三）特定市場特徵

　　了解市場的特徵，對市場的銷售有很大的幫助。例如：將高所得者所使用的產品，在低所得者的區域銷售，必定無法符合當地消費者的需要。

（四）銷售關鍵

　　從經濟觀點探尋，影響銷售的各種因素，例如：國民所得的高低、消費者的信用情形，與消費者的利益等問題，均會影響產品的銷售。

（五）市場變化

　　分析各區域市場相對性，與重要性的變化，例如：某市郊消費者生活型態的改變，所引起市場變化的問題等。

（六）需求變化

　　研究各階層消費者，對商品欲求的變化，例如：超級市場

針對高階層消費者所銷售的商品，就必須研究其商品的包裝、色彩、商品服務及高階層消費者的需求心理等，以制定有效的銷售計畫。

 ### 4.2-2 資料蒐集

資料蒐集是有成本的，所以必須依據行銷策略來決定該蒐集什麼資料。行銷策略又是依據行銷目的來決定，彼此位階不能有錯，否則徒然浪費企業寶貴資源，亦無太大效果。近幾年來電腦深入家庭，以及寬頻網路的不斷提升，帶動資訊數位化，因此企業可以藉助網路來蒐集所需的資料，使網路成為蒐集資料不可或缺的工具。資料蒐集可分兩大類，一類是初級資料，另一類是次級資料。

一、初級資料（primary data）

企業直接蒐集或調查而得的資料，故又稱為第一手資料或原始資料。這部分的資料，對企業而言是最直接有效的，常需透過德菲法問卷、焦點團體討論、個案深度訪談來蒐集相關資料，因此成本較高。初級資料的蒐集，尤其是要回收有效的問卷，沒有技巧是無法達成的，一般郵寄問卷大多被丟入垃圾桶內；若能善用學校公函、建立催收系統、電話訪問輔助、親自拜訪回收、事先禮物激勵……等，則可讓問卷以最低的成本，在最短的時間內回收。

二、次級資料（secondary data）

企業想要蒐集的資料不一定要由企業本身來進行；事實上，許多專業研究機構或者私人已蒐集了市場上的各項資料，並成立相關資料的資料庫，因此這些資料又稱為二手資料。例如：政府出版品、國內外市場調查機構、報紙、雜誌、調查報告、網站資料、博／碩士論文、資料庫、光碟、企業資料等。我國經濟部所發布的工商調查資

料，海關關於進出口的統計資料，或金融機構對於貸款及呆帳金額等，都有相關的資料，可供企業運用。

（一）人員資料

此類資料機密程度較低，填寫的意願相對較高，包括姓名、暱稱、e-mail、性別、生日、職業別、通訊地址、電話、手機等個人聯絡資訊。通常在網站會員註冊、訂閱電子報、參加活動報名的時候，都可以從這些地方蒐集到此類欄位資料，其中以email最為普遍且必要，為取得未來持續溝通的permission，通常會簡化流程，讓多數人願意填寫。有些網站會透過行銷活動（如：研討會報名活動、抽獎活動等），藉訊息通知、得獎通知等方式，蒐集網友正確的聯絡資料。

（二）財務相關資料

個人的財務相關資料，包括如：身分證字號、所得、銀行帳號、信用卡號等，此類資料的機密程度非常高，蒐集不易，通常在金融相關網站或EC網站的交易過程，較有機會獲取此類資料。但保存此類資料，必須維持高度的資料安全性。對企業而言，成本也相對較高，若非企業流程（如：交易過程）可蒐集，行銷人應先思考的是蒐集這類資料，在行銷上的實際效用為何，再決定是否規劃，及如何規劃蒐集此類資料的活動。

運用次級資料的時候，應該注意到這些資料，是否真的是事實，其次，如何適當運用這些資料。

4.3 市場區隔與市場定位

要創立一家企業不難，但要持續的成長與獲利卻是大多數的企業

所必須經常面對的難題。主要的原因在於市場上有太多「同質性」的商品與服務，造成白熱化與同質性的競爭。再大的企業，當面對廣闊的市場機會與競爭時，也常會因資源的分散而捉襟見肘，問題癥結在於未能鎖定市場、凝聚資源與建立差異化的訴求，進而無法建立具有競爭力的經營模式（business model），最後只能運用價格策略，進入「微利經營」的惡性循環，耗盡企業資源，黯然退出市場。

行銷策略的規劃，若能有效「產品定位」，與擬定「市場區隔策略」，則可提供「策略差異化」的致勝之道。所以市場區隔與市場定位，是行銷管理不可或缺的重要變項。

 ## 4.3-1 市場區隔（market segmentation）

係由Wendell R. Smith於1956年首先提出，其定義是將市場上，某方面需求相似的顧客或群體，歸類在一起，建立許多小市場，使這些小市場之間，存在某些顯著不同的傾向，使行銷人員能更有效地滿足不同市場（顧客）、不同的慾望或需要。此處所指的「市場」，是具有某種特殊，且尚未被滿足的需求或慾望。透過行銷策略，這些需求將可增加企業的利潤與營收。市場區隔的成敗，取決於其精確度與明確度。精確度指的是市場被細分的程度；明確度指的是各個區隔之間，界限是否明確。

市場區隔的決策關鍵，在於生產成本與消費利益的取捨。就以男士的西裝為例，量身訂做的產品固然提供消費者最大的利益，但相對地，其生產成本也較高。反之，大量裁製的西裝，也許尺碼與花樣不夠完美，但低廉的價錢，也有吸引顧客之處。市場區隔的效益，來自於高消費利益，所帶來的高價位。只要產品合宜所帶來的額外差價，足以彌補增加的生產成本，市場區隔就有其經濟效益。一般來說，在已區隔的市場，該市場本身應該具備四項條件，企業才能獲得更佳的生存與發展地位。這四項條件是：

1. 足量性（substantiality）：

　　　所區隔出的目標市場，應該有足夠的規模（足夠的顧客或是潛在顧客），如此才可具有規模經濟的效益。

2. 可衡量性（measurability）：

　　　取得關於區隔市場規模大小、本質、行為等資料，並藉此資料，制訂符合市場規模的最適當行銷組合。

3. 可接觸性（accessibility）：

　　　尋找最有效的媒體溝通管道，如電視、報紙、雜誌、網路、戶外媒體等，以接近目標市場。

4. 一致性（congruity）：

　　　根據商品的特徵，找出與消費者行為相似的目標消費者，因此應具有相同的特性。

4.3-2　市場定位（market positioning）

　　市場定位指的是在目標消費者的心中，建立起屬於品牌本身的獨特地位，也就是塑造出企業本身的品牌個性。市場定位應該注意主要的目標消費者究竟是誰？也就是什麼樣的人會來買這個產品；其次是產品差異點，也就是本產品和其他企業產品差別在哪裡，為什麼消費者要來買這個產品；最後則是競爭者是誰，也就是知己知彼的工作。市場定位與企業家的資源與企圖心，有極密切的關係。但總的來說，應考慮的方面有：目前在消費者心目中，擁有什麼位置？希望擁有什麼位置？如何贏得所希望的位置？是否有本錢攻占並維持該位置？對於擬定的位置能持之以恆嗎？

　　舉例來說，一間專為女士服務的美容院，改以男女賓客皆歡迎的招攬，以圖擴大客源及提升營業額，卻令原來光顧的女客人感到諸多不便，新光顧的男客人亦覺得尷尬。結果該店門可羅雀，男女客人皆不受用，生意算盤打錯了，因加得減。所以經營方針上，確定市場目

標客戶非常重要,分析客戶得從地域、口味、要求、年齡、性別、社會階層、教育水準、婚姻、種族等資料入手,再根據這批客戶對產品要求的共同特質,配合自己機構的資源,集中火力服務這批目標客戶群,才可達成買賣雙方的效益,亦即市場定位的意旨所在。

一般常用的產品定位,有四種方法:

1. 屬性定位(positioning by attribute):

   這種方法強調產品或服務的特性,如功能、品質、價格、速度等。例如:快遞公司在面對塞車或交通障礙時,仍能跨河而來,以強調其速度與服務品質。

2. 用途定位(positioning by application):

   著重產品使用的時機、地點或方式,例如:沙茶醬定位在烤肉或吃火鍋,所必須添加的醬料。

3. 使用者定位(positioning by product user):

   以使用者為主軸的定位,例如:將嬰兒專用的洗髮精重新定位,轉變成專為勤洗頭者所設計的溫和洗髮精。

4. 競爭者定位(positioning by competitor):

   以消費者的需求為考量要素,並著手於競爭者未能滿足消費者需求的部分。例如:冷氣機同時具有暖氣機的功能,讓消費者有更多的自由選擇,而非一般市面上的固定款式。

4.4 產品

產品是指企業所提供,滿足消費者需求的有形物體或無形勞務。

一、滿足消費者需求的三個層次

產品透過三個層次，來滿足消費者的需求。

1. **核心產品：**

   這是顧客眞正希望，得到滿足的需求，例如：化妝品帶給消費者未來美麗的希望；筆記型電腦省電、效率高、攜帶方便；

2. **實體產品：**

   是顧客實際接觸到的有形產品，例如籃球、課本、皮包、個人電腦等；

3. **延伸產品：**

   乃爲顧客提供額外的服務或利益，例如精密機械的使用示範、電器用品的安裝、維修、保證等等。

二、產品定位

每一項產品都應該有清楚的產品定位，其後續行銷和推廣的方向，也會比較明確。任何產品在設計的構思中，皆會針對某一類消費者的需求。就如一本雜誌、一件衣服，不可能男女老幼皆合用。行銷學也並沒所謂最好的產品，皆因不同客戶需求標準各異，所以愈了解目標客戶，對產品的要求，便愈易建立產品的市場定位。

產品定位會影響到行銷策略，譬如：產品定位於某年齡層級，要打的廣告或行銷方法，都要符合或能吸引該年齡層的顧客，如果產品定位成功，或者能在產品中，注入顧客對產品的某種特殊情感，都有機會可以使顧客，對該產品有一定的顧客忠誠度。

產品定位與推廣業務，可著重在下列五點：

1. 以專有的產品特色來定位：

    加強特殊功能，如液晶電視更清晰看到片中的影像，令用戶對產品更感滿意。

2. 功能不同凡響：

    如最新的無線上網的筆記型電腦，運算速度更快，儲存容量令客戶覺得再貴也值得。

3. 以利益、問題解決或需要來定位：

    符合瞬息萬變的市場要求規格，如某牌子汽車能10秒內加速100公里，深得車迷愛戴。

4. 耐用：

    指產品在嚴峻操作環境下，仍能保持壽命，且較同類型產品長久。

5. 加強維修服務：

    就算產品出問題，都可很快獲得支持，或更換零件。如聯強國際的電腦維修服務，就是最佳例子。

    根據Aaker和Shansby（1982）的看法，發展定位策略有五大步驟：①確認競爭者；②認清競爭者（含可能）的優勢；③決定競爭者的位置；④分析顧客；⑤選擇定位。產品定位的目的，在於幫助了解競爭產品之間的實質差異，以便讓消費者能挑選對自己最有價值的產品。假如產品是高級的，配銷通路走的也是高階路線，就可以得到相得益彰的效果。例如：消費者在未看到廣告之前，在高級通路上先看到產品，再看到所推出的廣告，那麼印象就會更加清楚。同樣地，如果定價與產品策略，也相當一致的話，消費者將會對產品定位，有更清楚的聯想，印象也會更加深刻。

    假如企業在產品上市之前，就能確定賣點，並已經做了最佳的選擇，那麼上市後最重要的就是，讓購買者在非常低的資訊蒐尋成本下，有效了解產品的特性、定位及賣點。

4.5　行銷計畫

　　成功的企業應該具備優秀的行銷計畫能力，否則儘管有研發能力、有製造能力，但最後仍不免功虧一簣。行銷計畫既然如此重要，那麼它又涵蓋了哪些內容呢？基本上，它必須具備分析行銷環境；建立行銷目標；完成行銷策略；擬定行銷活動計畫；行銷控制。

一、分析行銷環境

　　行銷環境影響行銷策略，因此計畫之前應先分析行銷環境。然而要如何分析呢？首先，應對目前行銷環境有所了解，進而分析強弱、機會與威脅，並從這些環境的背後，主動找出企業面對的問題，最後則是假設未來，如此才能提出較為周延的計畫。

（一）描述市場狀況

　　企劃的起點，是該產品目前在市場狀況的描述。通常以過去五年該產品的產品銷售、市場占有率、價格、成本、獲利等統計圖表來著手，並與主要競爭對手的績效，進行系統性的比較。

（二）分析強弱、機會與威脅

　　企業應準備兩份表格，一份是描述企業內部產品，所具有的優勢（strength）與劣勢（weakness）；一份是描述企業在外部所面臨的機會（opportunity）與威脅（threaten）。相關負責人可由機會與威脅表格，列出企業未來面臨，具有吸引力的機會有哪些，並列出五種未來所會面臨的，威脅與解決方案，並於日後檢驗，是否具有先見之明。

（三）面臨主要問題

唯有先找出企業所面臨的主要問題，才能有效提出相關的因應選擇。這一部分可以先由，各單位主管彙整，輔以第一線接觸市場的員工，如此相輔相成，才能正確找出面臨的主要問題。

（四）假設未來狀況

針對未來整體景氣循環、產業走向、公司銷售變化等，進行預測。

二、行銷目標與目的

行銷目標是行銷人員，應該努力達到的！此目標必須包含「達成目標之日期」與「幅度」，如果沒有日期，一切計畫等於空談。譬如，增加市場占有率、營業額、毛利率等。在本會計年度結束前，或某項商品希望達成市場占有率，增加40%的目標。

三、行銷策略

市場區隔後，後續重要的是，企業究竟應該如何執行區隔後的行銷策略呢？企業常採用的策略有「差異化行銷策略」、「集中化行銷策略」及「反區隔策略」。

（一）差異化策略

選定企業能掌握的多個目標市場，並發展各自的行銷組合。譬如，歌林家電行銷超過五十多種品牌，如冷氣機市場，具空氣清靜與無聲等功能；液晶電視以清晰、無輻射為訴求。

（二）集中化策略

選定有利的單一市場，並採用單一的行銷組合。例如：<u>彰化銀行</u>

鎖定軍公教市場，推出低利百萬借款活動，在校園造成廣大的迴響。

（三）反區隔策略

當區隔規模縮小時，找出擁有共同需求或特徵的多個區隔，並重新結合這些區隔，而採用一種修正化產品或促銷活動，以設法擴大客源基礎。例如：學校某些課程修課人數不足，而將修課人數不足的課程取消。

企業的行銷策略，通常涵蓋六樣主題。這些主題包括目標市場；核心定位；價格定位；全價值主張；通路策略；廣告策略。

1. 目標市場：

在標示目標市場時，行銷人員必須要能區分出，主要目標市場、次要目標市場、更次要目標市場。主要目標市場是指那些，有購買能力且有意願的消費者；次要目標市場是指那些，有購買能力，但尚未準備就緒的消費者；更次要目標市場是指那些，沒有購買能力，但逐漸準備購買的消費者。行銷計畫應該詳細交代，目標市場的特色與相關資料，例如：所得、人口特質、心理特徵、所接觸的媒體與推廣通路等。

2. 核心定位：

企業列出所提供的該項產品或服務，其中以哪種核心利益為中心。譬如：最廉價（價格）、最安全（產品）、最快速（服務）等。

3. 價格定位：

企業將核心利益與價格相連結，如此則會形成不同選項，如「品質更好、價格更高」；「品質更好、價格相同」；「品質相同、價格更低」；「品質略遜、價格大幅降低」；「品質更好、價格更低」。

4. 全價值主張：

　　對客戶提出「購買本公司產品」，真正價值的所在，使顧客感受到更高的滿意度。企業提出更具說服力的核心利益特色，與較為優異的整體價值。

5. 通路策略：

　　公司為了觸及目標市場，所欲採取的通路策略，例如：某書局決定持續增加分店，或增設網路書局。

6. 廣告策略：

　　企業決定該公司的廣告、促銷、公關等傳播工具，所欲達到的目標為何，以及預算分配的多少。譬如：電視廣告是要建立企業形象，或銷售特定產品等。

四、行銷活動計畫

　　行銷人員必須把目標與策略，轉化為行事曆上有效具體的行動，並向重要成員溝通此一計畫，以便其知曉預期的時間與結果。

五、行銷控制

　　行銷計畫必須檢視，行銷活動是否達成預期的目標，並以某月或某季為基準點，進行績效的衡量。當原定目標未達成時，行銷人員應採取補救措施，修改部分之目標市場、策略等，以達到最大的效果。

4.6　價格

　　企業的訂價目標有四種，一是追求最大利潤；二是追求市場占有率；三是追求生存與現金流入；四是追求產品品質形象。無論是哪一種訂價法，都要視企業的策略來決定。有了訂價的目標，接著而來的就是，商品訂價的步驟。一般來說，其先後順序是設立訂價的目標；

同時考量需求面、供給面、競爭面的因素；選擇訂價策略與方式；決定價格、價格調整。

常見的訂價方式，譬如：去脂訂價法就是以高額售價，取得較多的利潤；滲透訂價法則可在短期間內，提高市場占有率；掠奪式訂價法主要以低價，來打擊目前市場上的競爭者，待競爭者都消失了，價格再提高，以求壟斷市場。

4.6-1　成本訂價法

這種方式是價格，等於成本加上合理利潤。譬如：每一種行業都有成本，以物流業的成本為例，它可分類為：(1)倉儲作業成本：存貨成本、撿貨成本、物流加工成本、補貨成本、進貨入庫成本、驗收成本；(2)配送作業成本：運輸成本、裝卸成本；(3)行政作業成本：訂單處理成本、採購處理成本。成本定價法則是先計算成本，接著再根據成本與合理的或是想賺的利潤加成，最後便是這項商品的價格。

4.6-2　產品生命週期訂價法

企業常從產品生命週期的角度出發，所採取的產品的訂價策略，每個階段是有所不同的。

一、導入期（創新階段）的訂價策略

針對創新者以及早期採用者，對新產品充滿好奇心，具有在商品或服務剛推出的時候，就迫不及待就想擁有的特質。企業通常會以最高價格推出產品，然後在市場擴大及成熟時，再逐漸降價；主要目的是為了在短期內獲得最大的利潤。對具有前述特質的消費者，對於高價格的承受力較高，而且願意嘗試新的事物；因此，新產品上市的時候，價格低，這批人會買；價格高，這批人還是會買。為了快速回收

成本，企業訂出高價格，是正確的策略。因為整個行銷活動，所牽涉的成本支出很多，包括最初的市場研究、行銷活動的相關設計、系統開發、媒體支出、印製材料、人員訓練、員工支援成本、贈品，到活動開始後的訂單處理、銷售活動、客服、折扣、銷售計畫等等。其他考慮因素還包括，達成特定活動銷售量（sales volume）期間、毛利率達成期，所需的折扣率等。

此外，初期訂價高，獲利空間大，所得到的資金，還可為擴充市場預先準備，對於往後的發展，更具有潛力及爆發力。不過採取這種定價法，還要做的努力是，依據消費者的所得與購買力，將市場加以區隔，對於消費力強的地區，訂價可以稍高，對價格敏感的地區，則可略為降低售價。

導入期另一種滲透訂價策略是：產品先採用較低價格，使其在市場上能迅速推廣，以獲取長期較佳的市場地位。採用此法的目的是，期望犧牲企業的短期利益，以防禦競爭者進入市場，並謀求產品在市場上的優勢，以求在最短時間內進入市場，並增加商品及企業的知名度。採取這種訂價方法的理由是：

(1) 消費者購買力薄弱的市場；

(2) 倘若潛在市場很大，而競爭者又極容易進入市場時，採滲透訂價低利潤微薄，可阻止競爭者的加入，等市場占有率增加後，再逐漸提高售價，則利潤也會隨之增加。

(3) 單位生產成本及市場管銷費用，直接關連到銷售量的多寡；換言之，若銷售量愈大時，生產與管銷成本則愈低。

(4) 市場能否擴張與價格具有密切的關係，根據供需平衡關係，若價格低時，產品的需求彈性會因而提高。

二、成長期的訂價策略

隨著創新者以及早期採用者（這兩者會扮演意見領袖以及指

導者的角色），不斷的提供廠商意見，以改進產品後，產品本身會
進步。再加上這兩種類型的人，逐漸都擁有該產品。最早期使用者
（3+14＝17）市場飽和後，使用人數超越17%大關，廠商會發現以原
來的價格銷售，銷售率逐漸降低。此時就會調降售價，目的就是為了
刺激後面的早期大眾，讓產品的占有率，順利跨越17%的普及門檻。
譬如，在資訊化時代科技產品的價格策略，往往剛推出來的筆記型電
腦，動輒五、六萬元，但是不到半年，價格就跌了很多。隨著後面更
新的筆記型電腦，陸陸續續推出，該款筆記型電腦價格還會再跌。市
場成長期所採用的訂價策略，端視產品導入期，所採取的訂價策略而
定。若產品上市期採高價策略，且行銷相當成功時，當其銷售量增
加，為了要獲得更廣大的市場，並加速其成長，勢必以降價來占有市
場，以取得優勢地位；反之，若產品上市期採用低價策略，則此時價
格將隨需求的增加，而逐漸提高其價格。

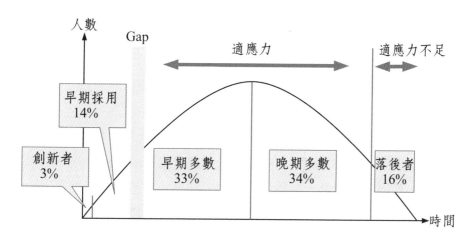

圖4-1　產品生命週期與使用者關係

三、市場飽和（成熟）期的訂價策略

此時期產品在市場上，已經確立了良好的地位，且尚未被其他產品所取代。但因為該產品特性逐漸消失，而成為與其他競爭品，無甚區別的標準化產品，且其商標的優越地位已經降低。因此，其他競爭品的影響力相對增強，導致生產者失去價格主導地位。在此情形下，企業只有採取低價策略，才能延長產品的生命週期。但低價亦應有限度，主要目標是要確保自己本身立場，如果為了侵略其他競爭者的市場，而進一步降低價格，則其他競爭者，亦會一再降低價格相抗衡，價格競爭的結果，會進展到血流成河的「紅海」，此種競爭關係對於企業的任何一方均有所損害。因此，合理的競爭關係，是應該在安定的價格下，從事於品質、服務及廣告等的非價格競爭。

四、衰退期的訂價策略

此一時期因該項產品的供給量，超過需求量甚多，且消費者的型態，也從高所得與高需要，轉變成低所得與較少需要的情況，於是加重了價格的壓力。在這個時期，廠商的訂價策略，可以有下列幾種選擇：

(1) 不管別人怎麼做，儘量不降低價格，因為降低價格並無法扭轉現有局面。

(2) 配合需求量或成本的下降，逐漸降低價格，等到多數廠商退出該市場後，剩下之廠商仍能有經營獲利的空間。

(3) 利用所有機會，調整價格以領導同業，包括促銷活動在內。

(4) 大幅降低價格（大量拋售），以阻延銷售轉向新的產品。

4.7 通路

4.7-1 通路的功能與選擇

一、通路的功能

通路既可爲企業創造效用，提升交換效率，又可協調市場供需。在通路內，最常見的功能有促銷、實體擁有、所有權、磋商、融資、風險承擔、訂購、付款等。在全球競爭日益激烈下，通路的設計與管理，已成爲企業爭取顧客的重要議題。通路所形成的網絡，更變成企業經營的戰略性資源，透過通路網絡，所建構的供應鏈關係及顧客關係，形成難以複製的外部資源，不但可以樹立進入障礙，更能爲企業帶來競爭優勢。

二、通路的選擇

通路有直接通路，像網路購物、郵購、直銷、電話行銷；此外還有間接通路和多層次通路。間接通路是店舖式，商場（賣）場；多層次通路就是傳統常見的，像代理商、經銷商、分銷商。

究竟要選擇哪一種通路，這與產品本身的定位，有非常密切的關係。如果是便利品，消費者購買時，投入的心力和風險都低，就像常購的日用品，即興的購買品，緊急購買品，或其他大宗商品。這一類的通路選擇要越方便越好。另外，就偏好而言，則是儘量讓消費者在大多數的零售據點，可以購買得到；以塑造消費者對品牌的偏好。至於選購品來說，購買者願意投入較多的時間與金錢，來從事比較選購。此時通路的策略，應是選擇性分配，並不需要太多的零售據點。就特殊品來說，這一類的商品是，消費者願意花最大的心力，來感受

到最大風險的產品。在其通路的選擇上，以獨家性的分配，最常能塑造尊貴的形象。

 ### 4.7-2　通路的兩大趨勢

目前通路已出現兩大趨勢，第一是物流中心的成立，第二是網路行銷。

一、物流中心

通路必然涉及物流（或稱為實體配送），是指行銷通路中，產品製造完成後，透過批發和零售業者的努力，將產品配送到最終消費者的過程。其中，零售業與日常生活關係較為密切，所以種類最為繁多。基本上可分為有店舖零售、無店舖零售及直效行銷。有店舖零售又分為：一、百貨公司、二、量販店、三、便利商店、四、超級市場、五、專門店、六、傳統零售。無店舖零售分為：一、直效行銷、二、直接銷售、三、自動販賣。直效行銷是指直接零售，它的工具有六種：一、目錄行銷、二、直接信函行銷、三、電話行銷、四、電視直接反應行銷、五、收音機雜誌報紙直接反應行銷、六、電子購物。

物流系統中主要包括五個角色：顧客、訂單處理部門、倉儲部門、製造部門和外部供應商。

物流中心的成立，使得商品通路有所改變。尤其商品的配銷，不再只是從製造商、大盤商、中盤商到零售商的串列式結構。製造商或經銷商透過物流中心，直接銷貨到零售點，縮短通路、降低物流成本和提高競爭力，是近年來企業經營管理的重要趨勢。一個理想的物流系統，應在低的物流支出，和高的銷售機會中，求得平衡。

二、網路行銷

　　傳統的行銷通路，往往只能做到告知傳播，新興的數位行銷通路，不管是網站、電子信件、大哥大、語音系統、甚至各式新型PDA，大多具有雙向互動功能。

（一）數位行銷通路的優點

　　數位的行銷通路，除了具有傳統廣告傳播告知的功效之外，也提供業務的交易的管道。而數位媒體的特性，也降低了業務銷售的人情壓力，讓交易雙方多了一層緩衝區；讓部分消費者對數位行銷模式，少了一分抗拒心理。因此數位消費者可以輕易的與行銷企業主，進行即時個別性的互動，讓行銷與銷售或客戶服務一氣呵成，有效的縮短銷售週期與成本。

　　對消費者而言，網路行銷能夠快速、方便、大量的主動選取本身所需的資訊，意味著對產品的了解度加深，同時也更有機會對本身需求，產生更深度的思考，而區辨得更細緻、掌握得更精確，並且反映到實際的消費行為上。

（二）虛擬通路所形成的「去中間化」

　　多數的製造商，會運用B2B及B2C兩種通路形態並存，因為虛擬通路會產生可觀的經濟效益，使得生產廠商開始採取「去中間化」策略，跟下游通路商搶生意。「去中間化」的浪潮愈來愈大，航空業便是一個例子，國內外航空公司都已接受旅客，直接上網買機票及訂位；出版業也普遍縮減通路階層。因此，通路是需要管理的，否則通路與通路之間，可能會發生不同類型的衝突。

　　通路衝突發生的主要原因，有的是利益發生衝突，有的是通路成員的目標歧異，或營運範圍缺乏共識，或對現況的認知有所差異。可分為三種：

1. 水平通路衝突：

    它是指通路內部同一通路階層，各成員間的衝突。如大賣廠向生產的廠商控訴，另一個大賣廠搶生意。

2. 垂直通路衝突：

    這是指同一通路中不同階層間的衝突，如中間商不滿製造商售價太高。

3. 多重通路衝突：

    這是當製造者建立兩條，或以上的通路，且彼此在同一市場中，相互競爭時所產生的衝突。譬如，眼鏡行在網路上販賣，造成傳統眼鏡行的反彈。當某一通路的成員，因大量採購而享有較低的進貨價格，或願意薄利多銷時，多重通路的衝突，可能會特別的激烈。

4.8　推廣

    企業行銷推廣的最終目的，是影響在顧客的行為。推廣（promotion）的方式很多，但最主要的有廣告、促銷、公關、銷售人員及直效行銷等方式。早期白蘭洗衣粉與黑松汽水、黑人牙膏，共享「二黑一白」的盛名。民國58年白蘭洗衣粉上市，為打響知名度，不僅斥資購買當時被視為奢侈品的洗衣機，廣告車隊還載著洗衣機到處跑，定期到全台大街小巷與市集掃街，有時還找來小歌星唱幾首歌。當人潮聚集時，不僅教消費者，如何用洗衣粉，還免費幫民眾洗衣服。為了強化品牌忠誠度，白蘭還推出「洗衣袋換洗衣粉」的活動，很多民眾看到廣告車隊來了，都會趕緊拿家中白蘭洗衣粉的空袋，排隊兌換小贈品。白蘭洗衣粉推出三年後，幾乎所有台灣家庭，都用過白蘭洗衣粉。該公司還乘勝追擊，首創在電視公開抽獎，獎項都是當時家庭夢寐以求的奢侈品，如電視機，電冰箱和洗衣機等。民

國61年甚至舉辦為期四個月「天天大贈獎」活動，每天送五台洗衣機，當時全台民眾幾乎陷入瘋狂，大家爭相購買白蘭洗衣粉。你說這種推廣，是不是很厲害！

4.8-1　有效推廣的步驟

1. 明確辨認收訊者：

    辨認收訊者為誰，研究收訊者對公司產品與競爭者之印象為何。

2. 決定溝通目標：

    希望得到何種反應。

3. 設計訊息：

    決定訊息訴求的主題內容，包括理性訴求、感性訴求、道德訴求等三種方式。

4. 選擇溝通管道：

    以有效率的管道傳達訊息，包括銷售人員與非人員管道等兩種方式。

5. 擬定促銷預算：

    拿捏促銷預算的多寡，一直是很困難的問題。不過可行的做法是，可以參考競爭對手預算，或者依所欲達成目標為何，譬如欲增加市場占有率10%，來決定預算增加比率。

6. 決定促銷組合：

    不同促銷工具，具有不同特性，因此配合特性擬定有效促銷組合。

7. 衡量促銷結果：

    實施促銷計畫後，公司應衡量對消費者影響程度，以便適當改變溝通計畫。

8. 行銷溝通程序之管理與協調：

　　　　使消費者獲得一致之企業形象，並使各促銷手段能夠配合產品上市時效。

 4.8-2　促銷活動

　　在某些時空因素下較適合促銷，譬如：刺激成熟產品的業務成長；促使業務人員對銷售產品的熱中；為了取得新產品上市時，所需的貨架空間；誘發消費者的嘗試性購買；對抗同業的促銷或廣告活動；強化廣告效果。促銷的活動，大致上可分為二類：

（一）推式促銷

　　零售商為導向的促銷包括：

(1) 零售商津貼；

(2) 聯合廣告和賣方支援計畫；

(3) 零售商銷售競賽；

(4) 特殊購買點展示；

(5) 訓練計畫；

(6) 展覽。

（二）拉式促銷：

　　企業提供某些額外的獎賞，或誘因給消費者，以鼓勵消費者從事某些消費或購買行動。它包括：折價券、免費樣品的試用、紅利包、包裝內的贈品等。

 4.8-3 廣告

廣告在市場定位階段是,企業與消費者之間最重要的橋樑。廣告所進行的傳播活動,是有目標、有計畫的,同時也是建立注意度(awareness),影響消費者心理層面,最有力的工具。它是透過各種媒體,以各式各樣的方式呈現,從海報、傳單、報紙到廣播和電視,滲透到生活的各個層面。生活中舉凡看到的、聽到的廣告,無所不在。廣告的內涵是:將一項商品的信息,由負責生產或提供這項商品的企業,透過傳播來將它傳遞給消費者。

(一)廣告形式

廣告的彈性很大,它可用各種不同的組合方式,來表達所要推銷的產品。以下列舉常用的方式:

1.　生活片段:

　　　此表現一個人或者更多人,在日常生活中使用本產品的一般情景。例如,在推廣韓國泡菜加入火鍋,味道是如何的特別,它便是利用全家在吃火鍋的情景,來表現出產品的特色。

2.　生活型態:

　　　強調該產品符合某種生活型態。例如,賣淡水豪宅配合周邊美麗環境。

3.　新奇幻想:

　　　它主要在創造一些與產品本身,或其用法有關的新奇幻想。如彩券樂透的廣告,它透過小孩與父親之間親密的關係,由其在進出山洞過程,小孩看到各種東西,爸爸都說:「你喜歡嗎?我買給你!」讓人對樂透產生新奇的妙用。

4. 音樂：

此為使用一個人、一群人或卡通人物唱和產品有關的歌曲為背景，或直接展示出來。如「伯朗咖啡」，以歌曲來介紹其產品，消費者一聽到其音樂就能琅琅上口。

5. 個性的象徵：

此為創造產品個性化的特徵。這些特徵可能是生動活潑或真實的。例如寶島眼鏡公司推出的眼鏡，請了阿妹妹兩人來塑造出眼鏡的特色，表現出其個性及流行的趨勢。

6. 氣氛或形象：

此乃在喚起對產品的美、愛或安詳的感覺，以建立產品的氣氛或形象，它不為產品作任何聲明，僅做暗示性的提示。換言之，在這種場合如果沒有使用該項商品，就好像缺少什麼。

7. 科學證據：

為提出調查結果或科學證據，證明該品牌確實優於其他品牌。如由邱彰代言的白鴿洗衣粉，就是透過科學證明其他洗衣粉都有螢光劑，而白鴿洗衣粉沒有，對人體是最健康的。

8. 證言：

此藉由一些較為可靠、深受歡迎的人物或專家，為產品作見證。最明顯的例子，便是白鴿洗衣乳的「邱彰檢驗、邱彰推薦。」

（二）廣告策略（advertising strategy）

它是指企業運用有效的廣告，所作的各種方法，以促進銷售，亦即把產品或服務的利益，傳達給目標市場的廣告訊息。在制訂廣告策略時，應先執行下列幾點：

1. 確認產品或服務：

　　　唯有充分且徹底的了解，廣告產品或服務的特質，才能針對其特點作重點式的宣傳。

2. 確認目標市場：

　　　明確的指出產品銷售方向，並表示在何種情況下，消費者會購買這樣的產品，及主要購買者和使用者屬於哪種形態。

3. 定位／辨識：

　　　使產品或品牌能在消費者腦海中，留下獨特且深刻的印象，在往後有需要，便能立即想到此品牌，此即為廣告策略之精髓。

4. 方法：

　　　此能表現廣告策略訴求的方向及特點，所使用的技巧與方法。

5. 確認目標：

　　　使廣告策略與所設定的廣告目標，產生直接關係。

 4.9　避免行銷錯誤

　　在行銷環境劇變的今天，企業必須重視環境偵測（environmental scanning）。策略行銷規劃的成敗，繫於企業是否能切實掌握行銷環境的變動趨勢。如果不能掌握大環境的趨勢，將導致整個行銷規劃，走向錯誤的方向，有的公司因此由勝轉衰，甚至就此消聲滅跡，而使企業付出重大的代價。《行銷諍言》一書作者杜雷頓‧勃德（Drayton Bird），建議企業在執行任何行銷專案時，千萬要避免四項錯誤：

一、策略盲點

行銷人員常以自己過去的經驗來判斷，而陷入舊的策略思考模式，再加上團隊成員因一起工作久了，很容易有雷同的看法，忽略最新市場資料。因而在策略制定的過程，常易出現錯誤的認同與盲點。為避免陷入行銷策略制定過程中的盲點，行銷人員應切記時代在變，消費群和客戶的喜好也在變，團隊成員擁有不同背景與經驗，避免主觀的思考判斷，同時在做市場分析，與資料蒐集的過程，應聽取廣大的意見，方能降低行銷錯誤與失敗。

二、「行銷近視病」（marketing myopia）

李維特（Theodore Levitt）教授曾提出「行銷近視病」的看法，其內涵就是指企業，過度自信自己的產品最好，並相信本身的主要產品，沒有競爭性的替代品。或過度誇大產品功能，或過度自信產品的銷售力，是行銷領域常見的錯誤。也因而忽略了市場環境，和顧客需求的改變，終使企業因產品過時，而步上衰退沒落的命運。

三、目標客戶不準確

許多企業在並不了解目標客戶的情況下，投入大量時間，盲目發送大量行銷郵件。這種拉網式的行銷方式，效果並不佳，原因是把產品資訊發送給「錯誤」的人，其結果不僅對銷售並無益處，還會嚴重誤導行銷功效的判斷。所以在開展行銷之前，最好儘可能地縮小預估客戶的範圍，研究可能的客戶，將其縮小成很可能、極可能的客戶，並了解他們的真正需求（不是猜測，而是精確的研究）。

四、廣告錯誤

推廣內容過於冗長，又未能切中要點，是常見的錯誤。廣告文案必須明確告知消費者，所要訴諸的焦點訊息，可是許多廣告文案在切

入主題前，所運用的文案表現，反而讓消費者覺得沒有信心。此外，尚有四大疏失：

1. **焦點不夠突出：**

    任何一項商品推廣的訊息，必須要放置在消費者，容易注意到的地方，可以注意到的地方，並且最好能夠以其他顏色，或字體進行有效區隔。

2. **突出錯誤焦點：**

    2012年宏碁找好萊塢明星梅根‧福克斯代言，再砸重金拍了一支與海豚說話的廣告。不料，普羅大眾只記得美女、海豚，宏碁筆電「S7」毫無存在感，連宏碁高層也私下議論，這支廣告很失敗。果然2013年賠了百億。

3. **消費者不易回應：**

    任何的行銷都強調互動與回饋，若沒有做好消費者回應機制，即使文案內容再如何打動人心，也可能出現消費者填寫表格困難，或是打電話無人接聽情況，使業者平白失去商機。

4. **廣告與事實脫節：**

    在今天這個廣告、行銷無所不在的世界，廣告的創意五花八門、行銷的手段爭奇鬥艷，令人嘆為觀止。不過水可載舟，亦可覆舟。高鐵曾強打溫馨形象，廣告中貼心的幫一位老奶奶，找到遺忘在車箱內的包子。不過，在現實中，一名婦人送丈夫搭高鐵，請列車長代為轉交水果，給車上的丈夫。沒想到，列車長當場拒絕，還把水果丟在地上，讓婦人氣得直說，跟廣告怎麼會差很大。

腦力大考驗

一、有哪些因素會影響消費者行為？

二、無論是製造業或服務業，行銷是不可或缺的，那麼應該有哪些準
備呢？

三、產品透過哪三個層次，來滿足消費者的需求？

四、企業常採用的行銷策略有哪些？

五、企業應該有什麼樣的訂價目標？

六、物流系統中，主要包括哪些重要角色？

第 **5** 章

人力資源管理

　　三星有一套精密的員工資訊系統，其中包含員工的教育背景、先前工作經驗、內部專案經驗、員工發展意願及過去績效表現等，當組織需要人才之際，主管可透過此資料庫尋找適當人才，達到適才適所的目的。三星電子完整的培訓計畫，主要包含四大項：一、了解顧客：不只行銷部門，就連研發、製造等部門，都必須瞭解客戶需求，全球行銷研究中心，針對最新產品趨勢、消費者行為，提供教育課程給企業內部員工，以全面提升消費者滿意度。

　　二、創造未來：包括有帶人能力、溝通技巧、領導魅力等能力的培養。三星領導能力訓練中心訓練員工領導能力，亦誘發其當主管的親和力，使之成為屬下的良師。

　　三、向世界挑戰：三星科技研究中心聘請500多位，專職的博士研究人員，提供200多種不同課程，從世界科技發展狀況如WiMax、Wi-Fi、IFID，到三星內部最新技術發展，旨在提供員工，最新穎的研究科技知識。

　　四、實踐三星價值觀：所有新進的員工，都要參加三星價值訓練，藉由為期四週密集的訓練課程，幫助員工深入企業文化、發展信念、及有效率地完成每天的任務。

　　全球最重要的防毒軟體公司——趨勢科技，在徵求工程師時的經典廣告，就是：「只要你是愛穿牛仔褲、愛喝可樂、愛穿拖鞋在辦公室走動、喜歡自己寫的程式，被全球百萬人使用……我們歡迎你」。每一家企業都需要人才，也都離不開人才。因為企業目標的達成，和企業所有策略與活動，都離不開人。所以老祖宗在造「企」這個字時，是「止」加「人」，也就是沒有人才，企業就停止發展。以此而論，選才、育才、用才、留才，是企業非常基本，但又非常重要的課題。

　　在顧客關係管理成功的因素分析中，有10%是技術、30%是作業流程、而人的因素則高達60%。因此，人力素質資產對於企業經營績效，影響程度甚為重大。奇異公司（GE）百年不墜的關鍵是什麼？前總裁威爾許（Jack Welch）說：「我不懂如何製造飛機引擎，也不知道如何裝配電視機，所以我最重要的任務，是挖掘與培養人才，然後由他們來開發策略，執行相關業務細節。」簡而言之，他認為打造一個百年不墜的企業關鍵，就在於企業的人才。管理學大師彼得‧杜拉克（Peter F. Drucker）在 *"Management: Tasks, Responsibilities, Practices"* 一書中，對產業興衰的描述，也特別強調：「當一個產業開始流失一些能力好、態度佳的從業人員時，我們可以判斷這個產業，似乎開始走下坡了。」由此可知，人才流失是導致企業失敗，重要的關鍵因素。

5.1　企業生命週期與人力資源規劃

　　企業從草創企業、資本與營業額的成長、至員工增多利潤升高的壯大、再到衰退甚至死亡的過程，這些生產經營活動的全部過程，就是企業的生命週期。在此生命週期內，不同的階段，企業的生產經營和人才使用，有著不同的特點。

企業的生命週期，可劃分為：創業期、成長期、成熟期和衰退期。透過分析生命週期各個階段，找出企業的主要矛盾和特點，研究制定企業的人力資源發展戰略，是每一個企業不可或缺的工作。但可惜的是，只有極少的企業，會進行這些工作。

一、企業創業期

創業時期的企業經營環境，不利的因素很多：產品質量不穩定、品種單一、產量低、市場占有率低、產品的成本高、價格也高、競爭對手少、管理水平低、屬經驗管理、無規範。企業缺乏資金、知名度低；企業人員少，人才少，沒有明確的分工，常常是以一當十。

人才使用的特點，是高低配置，即：高級人才低位使用，因為是初創時期，大家不分彼此，名譽、地位、金錢均不太計較。畢竟企業沒有未來，再多的頭銜與權力，又有何益處？這一時期人力資源戰略的核心是，充分發揮創始人的人格魅力、創造力和影響力。

二、企業成長期

這一階段企業典型的特徵是：產品擴大市場占有率、銷售量增加、企業的生產人員和銷售人員，規模逐漸大量的增加。人員的增長、銷售量的增加，使企業的規模迅速地擴大；正因為這樣的原因，企業的規章開始建立起來，企業的組織機構也開始明確，企業進入規範化管理階段。企業有一定的創新能力和核心競爭力，顧客、社會開始關注這類企業，企業也開始注意自己的形象。在快速發展的同時，企業也存在大量的問題：結構脆弱、人才短缺；其表現是：低階人才高位使用。通常主要的原因是：新進人員熟悉企業環境慢、不能迅速認可企業文化；技術人員不能趕上技術發展趨勢，技術優勢減弱；市場人員不能充分了解產品和市場情況，服務能力不足，市場競爭力差；管理人員難以行使有效的職能；開發個人潛能少，難以滿足個人發展需要。

這一時期人力資源戰略的核心是，完善組織結構，加強企業內的制度建設和人才培養，尤其是大量吸納高級人才，讓員工從事具有挑戰性的工作，豐富工作內容，承擔更多責任。根據市場的法則，確定員工與企業雙方的權利、義務和利益關係；企業與員工建立共同願景，在共同願景的基礎上，就核心價值觀達成一致；員工與組織的心理期望，與組織與員工心理期望達成默契，在員工與企業間，建立信任與承諾關係，實現員工的自我發展和管理。

三、企業成熟期

成熟期是一個企業一生中，最輝煌的時期，無論是規模、銷量、利潤、職工、市場占有率、競爭能力、研發能力、生產能力、社會認可度，都達到了最佳狀態。但此時企業也很容易得「大企業病」，即企業易驕傲自滿、溝通不暢、官僚主義滋生、創新精神減弱。人力資源方面出現高高配置，即高級人才高位使用。

這一時期的人力資源戰略核心是，激勵企業組織的靈活性，具體措施是建立「學習型組織」；提供企業發展遠景規劃；建立人力資源儲備庫；採取比競爭對手更為優秀的人才壟斷戰略。企業工作設計分析，明確人員職責；加強針對性培訓，解決老員工知識老化等問題；激勵手段多樣化，吸引、留任企業所需人才；制定關鍵人力資源「名單」（即企業在關鍵職務上，制定的二到三個層級的後備接替人名單），以防止關鍵人力資源，跳槽或突發事件的發生。

四、企業衰退期

企業在衰退時期，管理不善，銷售和利潤大幅度下降，設備和技術顯著落後，產品更新速度慢，市場占有率下降，負債增加，財務狀況惡化，員工士氣不穩定。員工士氣不高，不公平感增強，對自己職業生涯發展期望值降低，敬業精神弱化，人才浪費嚴重，企業缺乏激勵上進的組織氣氛。

企業的人力資源是低低配置，即低階人才低級使用。此時的企業有兩種前途：一是衰亡，二是蛻變。此時的人力資源戰略核心，是人才轉型，對員工生涯發展出路給予指導，在新的領域進行人才招聘和培訓，實現企業的二次創業。

企業在生命週期的不同階段，有不同的矛盾和特點，其人力資源戰略的重心有所不同，採取的措施也有所不同，企業必須根據自身的條件，不斷解決這些矛盾，採取不同的人力資源戰略，才有可能實現持續發展。

5.2 企業家精神

企業家精神是經濟學當中，四大生產要素之一。從經濟學的原理而論，企業家之所以願意努力，開創新局並承擔風險，誘因乃是由於有可預期的報償（利潤）的存在。企業家精神不只是企業家本身，如何將此精神推廣至企業的各級領導人，屬人力資源管理不可忽略的議題。

一個國家要有活力，就得靠企業家的創新精神，台灣最大的資源不是土地大，不是天然資源多，而是台灣的企業家。他們優異的創業精神、能力和表現，為國家總體經濟發展，創下重大的汗馬功勞。企業家是企業精神的推手，企業家必須擁有創新、冒險的企業精神，這兩者是組織追求永續發展、因應環境變遷挑戰，兩個不可或缺的必要條件。企業家的精神，屬於人力資源的一環，但是在人力資源管理中，卻是很少被提到。

「企業精神」，或稱為「企業家精神」或「企業家的創新精神」，此一詞彙是由法國經濟學家賽伊（Jean Baptiste Say），於1800年左右提出，他對「企業家（entrepreneur）」下過定義：「企業家把經濟資源由較低之處，移轉至生產力和報酬較大之處」，

並且「時時用新方法來運用資源，加強效能與效率」。20世紀有「現代企業思想之父」，與經濟學天才之稱的熊彼得（Joseph Alois Schumpeter），強調企業家在創新時，會對以往被視爲天經地義的思維及行爲模式，進行某種程度的破壞，甚至更近一步將市場經濟，定義爲創造性的破壞，然而，經濟成長的核心，就是「企業家」。「企業精神」不可能憑空而生，它與「企業家」是相互依存的。

企業家的精神（Entrepreneurship），對於創新的成敗，具有決定性的影響。至於何謂「企業家精神」？企業家的創新精神，到底是什麼？依據彼得‧杜拉克（Peter F. Drucker）的解說：「有效運用經營管理的概念與手法，大幅提高所用資源的獲利率，這就是所謂的企業家精神。」由此可知，企業家必須籌集和組織各種生產要素，以追求更高利潤的經營管理能力。

企業家精神的核心內涵，從橫的來說，它體現在企業經營的技術、產品、市場、組織、管理等五個方面；就縱來說，創新精神就是冒險加理智。任何創新都有可能不成功的概率，企業家至少在最初階段，或者某個階段，在某些重大問題上，具有冒險精神，才能爲人所不敢爲。然而，要想使冒險能夠成功，並且創造出價值，還是需要理智分析所面對的市場環境，如客戶、技術、競爭對手、發展趨勢等。

企業家的特質，大致可以歸類爲：(1)自我領導；(2)自我超越；(3)活力充沛；(4)行動果決；(5)恆心毅力。在資本主義體系中，從新產品的提供、新生產方法（包括新原料的應用、生產技術的創發與改良、及管理方式的調整）的採用、新市場的開拓、和新產業組織的形成等，都可能隱含且體現企業家的創新。

 5.3 人力資源規劃

人力資源規劃（human resource planning）是使企業，擁有適當

數量、品質的人才，並且適時安置在適當職位上的一種過程，其目的在於達成企業總體目標。在進行人力資源規劃時，基本上有三個步驟：一、評估現有的人力資源；二、評估未來的人力資源需求；三、發展一套符合未來人力資源需求的計畫。

 ## 5.3-1　人力資源的重要性

　　人力資源管理是提升系統的效能，開發企業成員潛力的關鍵。所謂「企業在人」、「事在人為」、「機由人操」、「物為人用」；事實上，企業的管理活動，皆以人為核心，只要找對人、用對人，就能作對事、作「好」事。企業為了能找對人、作對事，就必須準備好一套「選、訓、用、留」的人才之道，才能充分發揮人力資源的戰力。

　　外部競爭日趨激烈，內部生產率增長的速度，日漸趨減緩，現代幾乎每一個現代企業，都會考慮如何提高組織的生產率。一般來說，現代企業的生產效益，不僅要靠技術和資金，也要靠人力資源，但許多企業往往側重於前二者，而忽略人力資源。其實，人力資源管理的運作與品質，可使企業擁有他人難以模仿的無形資源，為企業創造持久的優勢。這樣的原則，無論是製造業或服務業，都同樣能成立。以服務業為例，透過企業的成員，才能對顧客提供滿意的服務。

 ## 5.3-2　人力資源管理的定義、功能及策略

一、定義

　　人力資源管理的工作，是一套經過事前計畫，有系統改善組織表現的方式。其涵蓋的範疇，包括針對組織整體，或部分所規劃的人力資源管理方案。本章對人力資源管理，所下的定義：「針對組織內部所進行的吸引、培養、激勵，和維持高績效員工等相關的活動，所進

行有系統的管理。」由此可推知，在企業人力資源管理中，最優先考量的議題，應該是招募（recruiting）、甄選（selecting）、以及安置（placing）員工。

二、功能

人力資源的規劃，必須密切配合企業的目標與策略，而這一系列的規劃愈是詳盡，對企業生產力影響愈大。因為它有三項不可或缺的功能：第一、幫助企業管理決策當局，預估人力資源的短缺或超溢，並做適當的因應。第二、改進企業整體規劃作業，以配合業務發展需要，減低用人成本。第三、奠定員工運用與發揮專長，及發展事業之良好基礎，提高員工的工作滿足。

人力資源必須選「對」人，還要放「對」地方。至於如何「選」，如何「放」？關鍵在於企業必須有，人力資源的相關制度與流程。

三、策略

企業應有人力資源管理的長期規劃，其基本策略應包含任用、行政及管理資訊系統、教育訓練及發展、員工獎賞、生產力的評量、維持良好的組織氣氛、組織規劃等。

（一）人員任用

以高度專業的態度面對公司內外的應徵者，並即時補缺，做到人員迅速安置妥當的「零缺點」任用程序，都是任用不可避免的重點工作。目前大專學校已成為，公司尋找合格人才的重要來源，所以應努力與大專院校，建立合作的關係。

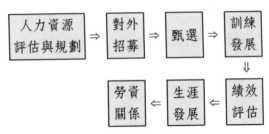

圖5-1　人力資源管理程序

（二）行政及管理資訊系統

　　行政系統是用來界定及建立標準，修改、更新資料或資訊，若沒有行政系統，則恐將危及人力資源部門，各項功能的規劃。此外，人力資源部門應在做規劃之前，應先定義管理資訊系統的策略，及各系統間的關係。

（三）教育訓練及發展

　　為全體員工設計及實施，有系統化的訓練計畫，將是形成新的組織，與員工規劃發展功能中的重要任務，該訓練計畫亦包含管理訓練。所有發展的方案中，所包含的訓練，將融入組織在業務上的需求、職務輪調制度，及員工個人生涯發展的需求。

（四）員工獎賞

　　在面對各種有不同工作專長的員工，人力資源部門需要經常的評估，及改善獎賞制度，使公司在勞動市場中，占有競爭性的地位，並保持良好的員工關係。這項制度的基本架構，應包含全部薪資內涵，亦即有形及無形的薪資福利項目，員工的福利，將能反應在最低成本下，得到最高水準的目標上。

（五）生產力的評量

「由少創造多」的觀念，在規劃期間愈來愈重要，人力資源部建議改善本身部門的生產力，透過提供公司內其他單位的方法，以協助他們積極找出他們的問題。在人力資源部內要建立及維護更明確、易執行的績效管理制度，以公平公開公正的績效考核作業系統，幫助部門及個人達成各項工作目標。

（六）維持良好的組織氣氛

組織氣氛的良窳以及良好員工關係的保持，是可以透過事先制度的設計來達成。因此，所有溝通方案及人力資源管理政策的行政作業，都需要投入更多的努力，才能達成這項目標，。

（七）組織規劃

預測未來工作技術，及組織架構改變上的需求，則可即時知道公司的優勢在哪裡，及應改善的地方，以保證各階層人員的工作，及生涯事業的規劃。

人力資源規劃乃在評估目前的人力資源，預估未來的員工需求與發展，及人力資源需求計畫。評估目前人力資源的重點，著重在人力資源的盤點以及工作分析。至於預測未來人力資源的需求，對企業未來的發展，顯得非常的重要，因為它涉及企業的業務量與生產量、人事流動率（離職率）、員工素質和特性、生產技術／科技，及財務資源。

一般人力資源需求，是如何評估與規劃？也就是如何算，才是合理？基本的作法是，一、用歷史資料及公司營運現況，未來的前瞻等，進行加減；二、用人單位向人力資源部門申請。

5.4 人力資源工作重心

在公司內，所有人力資源管理與相關的活動，都將以手冊為依據。任何經核准的人力資源管理政策，將以書面正式文件為之。手冊的內涵，將包括公司與員工的基本僱用關係。

5.4-1 工作設計

傳統職位是人為附加的產物，把企業組織的運作，分割成許多小塊，每一小塊由某一個人負責，彼此分工合作以完成整個任務。而運作過程中，常有無人負責的區塊，這個時候，職位分配成新增的工作就必須加以重新調整。傳統職位的呆板，無法解決目前快速變遷的發展。如今的企業組織發展趨勢，已不再朝向一個蘿蔔，一個坑的固定型態，代之而起的是，兼職和臨時性的工作。這些改變僅僅是表面的現象，背後其實蘊藏著極深刻的意義！那就是企業的組織結構，已從傳統職位劃分，快速轉變為以完成任務為主旨的彈性結構。

工作設計乃是在建構最適合的工作內容、方法與型態的活動過程，以達成企業的目標。工作設計的主要設計內容是：如何去執行工作、由何人來執行工作、執行何種工作、何時執行工作，以及在何處執行工作等基本問題。傳統職位有其固定的責任、工時、薪資報酬等，這種制度是將工作劃分成一個個「權力範圍」。一旦出現新的領域，將會引發新的調整，無形中助長了權力範圍的不斷擴張，職位也不斷繁衍。

5.4-2　工作說明書、工作分析與工作規範書

透過人力資源盤點報告有助於企業決策階層，了解目前可用的人才及技能為何。因為這種報告會列出企業內，每位員工的姓名、教育程度、訓練、經歷、專長語文、能力及特殊技能。事實上，在企業人力資源工作中，除了工作設計之外，最主要的尚有工作說明書與工作規範書。

一、工作說明書（job description）

所有填好的工作說明書，都應由在職位上的員工看過，並同意工作說明書的內容。每位主管都應為其部門內，每個職位準備一份工作說明書。每一職位的工作說明書及作業流程書，是達到訓練目的的基本／重要的資訊。工作說明書是指載述，關於某一職位的員工做些什麼、如何做，與為何要做的書面說明。工作說明書的內容，主要涵蓋該職位設立的目的，主要工作及責任，知識及技術，負責範圍，挑戰及判斷，內／外接洽狀況，組織關係／呈報系統。

（一）工作說明書的益處

準備與時更新工作說明書的內容，至少會有六個實質的益處：

(1) 從工作說明書中，可明確看出主管，對每個職位的想法。每位員工從書面的工作說明書上，可以知道主管對他工作的期望。

(2) 主管可以持續了解每位員工，工作的責任及工作量，以合理的分配工作，並消除工作重複，或責任模糊不清的地方。

(3) 工作說明書可為工作績效考核的基本資料，配合生產的標準，來做為考核成績的依據。

(4) 工作說明書可做為，正確工作評價的基本參考資料。

(5) 工作說明書可做為，招考新進員工補缺的要求標準。

(6) 工作說明書提供訓練需求的資訊。

（二）舉例說明——行銷主任的工作說明書

譬如，以企業的行銷主任的工作說明書為例，它應該有的基本項目，大致如下。

1. 職稱：

    行銷主任；職等：五。

2. 設立目的：

    負責客戶開發及聯繫。

3. 主要工作與責任：

(1) 確實執行銷售計畫賦予工作，且落實資料建檔，以達成各項計畫指標。

(2) 積極開發客戶與管理，以提升整體目標達成率。

(3) 積極關懷客戶與提供優質服務，以提升客戶滿意度與忠誠度。

(4) 提升專業知識與銷售職能，以提供客戶最專業之服務。

4. 最低資格與技術：

(1) 高中（職）以上畢，35歲以下，男女不拘（男須役畢）；

(2) 具有高度服務精神；

(3) 態度要嚴謹；

(4) 工作要細心；

(5) 服務要親切；

(6) 具積極進取個性。

5. 挑戰及判斷：

    市場有五家主要競爭公司，且不斷開發出新產品。未來本公司應加強研發能力，並須在半年內提出新產品，否則客戶流失

率將急遽升高。

6. 內／外接洽狀況：

對內與研發部門協調新產品開發的式樣，並與財務部門了解行銷經費動支，可額外增加的幅度。對外與客戶聯繫頻率應再加強，並於每月最後第三天，進行相關檢討會議。

二、工作分析（job analysis）

要充分發揮人力資源管理與開發的核心作用，就必須以工作分析為起點，來帶動人力資源其他各項管理。工作分析也就是職務分析，這是指對企業裡的各工作職務的特徵、規範、要求、流程；以及完成此項工作時，員工的素質、知識、技能要求，進行描述的過程。此為人力資源開發與管理最基本的作業。只有做好了工作分析與設計工作，才能據此完成企業人力資源規劃、績效評估、職業生涯設計、薪酬管理、招聘、甄選、錄用等工作。若忽視工作分析的作用，則在績效評估時會出現無依據，設計薪酬時不公平，目標管理責任制沒有完全落實等不正常現象；同時挫傷了員工工作積極性，以及影響企業效益和利潤。由此可知，工作分析在招募與甄選的應用上，占有非常重要的位置，它可以替工作職位（job position），找出重要相關的知識、技術與能力；並根據該職位的甄選標準，來招募最合適的員工。

工作分析既可作為，招募與績效評估的準則，又可作為訓練與生涯規劃的參考。所以在透過精確的工作分析後，所得到的各項資訊，可運用在專案人力規劃、人力招募與考選、訓練與生涯發展、薪資依據、績效考核等。不過企業在進行工作分析時，應先確認工作分析的主要目的，以及所需分析的職位範圍大小，究竟是屬於例行性的任務（例如：年度政策性人力盤點），還是專案性的任務（例如：新增工作或組織調整後工作異動）。

（一）工作分析的目的

(1) 使員工了解個人的職位，在組織中的位階與關係（顯示職權關係、工作關係、人際關係）；

(2) 作爲甄選、訓練、升遷、輪調的依據；

(3) 配合考績制度；

(4) 用做「工作評價」，以建立健全的薪資制度；

(5) 推行分層負責制度；

(6) 使人員與機器更有效之配合，改善工作方法；

(7) 利於「組織設計」、「人力資源規劃」、「員工生涯規劃」；

(8) 利於研擬及設計安全措施；

(9) 使員工工作勞逸程度平均，建立良好的勞工關係；

(10) 有助於對員工作心理輔導。

（二）工作分析資料蒐集

工作分析的資料蒐集，有十種方法可供運用，這些方法有：

1. 觀察法：

採取此種方法時，需要有固定的表格，來做爲觀察時，所需獲得資料的紀錄。

2. 個別面談法（面談者一對一）：

爲求結果在分析時能有其一致性，最好由相同的訪談人員，向工作者詢問目前工作的內容，並告知工作分析的目的。通常，只用面談當工作分析的方法，較難獲致完善結果，最好有其他方式同時配合採用，效果才會比較大。

3. 團體面談（面談者一對多）。

4. 結構化問卷：

此種方法通常是結構式問卷，預先設計並列出一些項目和因素讓工作人員填答或勾選，或者做適當的評斷。目前在坊間，對此項工作項目檢定問卷，已經有很多範例，可以採用或參考。

5. 非結構化問卷：

由企業自己設計出，適合本企業的問卷。

6. 員工日記紀錄：

雖然並不容易獲得，員工的心理過程，但對工作上所遇到的各種問題，與解決的途徑和努力，則可以是先要求並完成相關表格。

7. 重要事件登記簿：

將其所屬工作人員，對於影響工作績效的重大行為，做詳盡的記錄，包括時間、地點、發生了什麼事情、有什麼反應、以及此工作人員採取什麼應對表現。藉由一連串的紀錄，可以歸納出實際的工作描述。

8. 設備技術手冊（說明書、規範）。

9. 公司生產紀錄（各種報表、機器修護紀錄）。

10. 技術會議（與資深員工討論）。

無論採用以上何項，或是多項方式並用，都不能離開工作分析的主要重點，那就是找出此工作的主要任務、責任與行為，並針對工作內容，逐一評量各項重要性，及其發生的頻率，尤其要找出並訂定從事此項工作，所需的知識、技術與能力，以及擔任此項工作，所應具備的人格特質，等等相關事項。也因此，工作分析與工作設計，具有直接密切的關聯性。

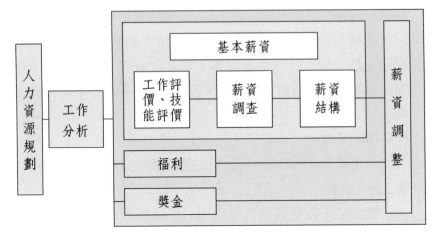

資料來源：張火燦（民84）薪酬的相關理論及模式，企管研究，19，1-25。

圖5-2　人力薪資

三、工作規範書（job specification）

這一部分則是說明，每位員工為了執行某特定工作，所需具備的最低資格。基本上，工作規範書也是屬於，工作分析的範疇。

5.5　招募

5.5-1　招募的目的

招募的目的是，將最稱職的申請者，引入企業組織內的某一職缺，並依據工作分析結果，所定出工作規範，來決定要僱用何種人員。招募人員最重要的目標是，為企業組織帶來最高的價值，為達成此目標，招募主管與人員，首先應了解工作的設計，所產生的工作說

明書，並定出對職位的資格要求，其中包括知識（know what &know why）、技能（know how）、態度以及語言能力等等。

企業的人力資源規劃與招募，會直接影響到員工對組織的忠誠度，那是因為員工的忠誠度，與其在企業中未來發展的潛力有關。若能招募到越多高素質的應徵者，企業的僱用標準就越高，企業的形象與競爭優勢，當然也會相對提升。所以經由招募過程，所確認及吸引到新進員工的質與量，將會影響到之後組織人力資源管理各功能，是否能充分發揮。

企業面臨人力需求時，就會進行人才招募。「招募」是企業與其未來可能成員的互動過程，每個企業不管是否有意，塑造其本身形象，但在一般應徵者的心中，都已存在一個形象。譬如頂新魏家的假油風暴，用99%公股銀行的融資，而自己僅付1%，購買帝寶多戶豪宅。而此形象便是能否吸引應徵者，爭取工作機會的重要因素。通常在企業內，招募是經由人力規劃 ⇒ 找尋 ⇒ 羅致人才 ⇒ 檢討評估的過程。

5.5-2　招募的來源及方法

招募的來源及方法，可分內部舉才及外部舉才等兩種。

一、內部舉才

員工輪調、擢升、人際推薦、員工推薦員工，企業人才庫的建置，都是內部舉才的重要方式。為使內舉人才的方法更有效用，可以有三種方式：

(1) 在公司布告欄／網站中張貼告示；

(2) 告知所有的員工，目前公司有某項職位出缺，該項職位的工作內容，及該職位的資格；

(3) 對該職位有興趣，且合乎所列資格之員工，可在告示規定期
　　限內提出申請。若是可行，可更進一步列出該職務的直屬上
　　司、工作日程及薪資等資料，以提供內部員工參考。

　　內部招募有優點，也有缺點，企業主管人員應主動避開缺點、
強化優點。在優點的方面，會使員工有上進機會，因而降低員工離職
率；員工趨近適才適所，提升工作效率；增加員工升遷機會，使員工
安心工作。相對的內部招募則呈現出不易找到更優秀的人才，同時也
因未能增添新血，故無法有效提振組織朝氣，更可怕的是容易使組織
墨守成規安於現狀。公司內部人力是主要招募來源之一，尤其是那些
不屬於基層的職位更是如此。

二、公司外部舉才

　　新世代最常見的徵才管道，包括學校就業輔導組（校園招募活
動），軍中求才，政府就業服務機關的介紹，私人企管顧問公司的推
薦，刊登報紙徵才廣告，網際網路電子人力銀行，專業求才求職媒
體，都是重要的招募管道。這些成效仍受公司的知名度、刊登時間、
文案設計、版位、月份規劃等因素的限制。

（一）校園徵才

　　每一年都有許多學子，從大學或研究所畢業，這些具有潛力的人
才，幾乎都是從校園招募得來的，這已成為某些專業及技術人才，重
要的來源。但是此方式有兩個問題：第一，既花錢又費時；第二，有
些招募人員本身效率不佳，因此，可以藉學生實習的機會，從中擇優
錄取，或進入企業後，給予充分的訓練。

（二）獵人頭公司

　　提供尋求高級管理人員的仲介公司，提供企業所需的人才。許多

企業都用內補制，選拔企業內部的人，晉升至高階主管的職位，但並不是任何職位都有人可以遞補，因此，必要時不得不到外面，尋找少有的主管或專業人才，而潛在的市場，是那些已在其他企業，擔任相當高職位的人。這種找尋的方式稱為獵人頭，也就是一個一個找，而不是一群一群捕捉。由於是要一個一個地找，加上沒有太多的人可供挑選，這種尋人的服務是相當昂貴的。

（三）商業招募網頁

現在是網路資訊年代，已有很多企業採取網路方式來招募人才，透過網際網路系統及自設的網站，可大量的蒐集求職者的資料，解決企業所面臨的人才荒危機。利用第三者的商業招募網頁，能提供潛在應徵者一次蒐尋多樣的工作機會。同時，也可使用該網站提供的蒐尋、媒合服務。而利用商業招募網站的服務，來進行招募活動，比起透過其他廣告代理商，或招募代理商來說，在成本上明顯低了許多。

表5-1　內、外部招募的優缺點表

內部招募	外部招募
優點	優點
較熟悉內部制度 減少社會化成本 激發員工生產力	可促進新陳代謝 創造組織新文化 可尋求精英份子
缺點	缺點
容易產生近親繁殖 較缺乏創新動力 難開創多元發展	內部員工易挫折 增加社會化成本 需更長的調適時間
適用於	適用於
穩定成長的企業 較中高階人員之進用	快速競爭的企業 較中基層員工之進用

資料來源：吳秉恩（1999），分享式人力資源管理，翰蘆圖書公司。

（四）挖角

有些企業以挖角的手段，來補充企業人力，但多以高級管理人才或專技人力為主。不過應注意的是，員工對企業的忠誠度很重要，如果員工常跳槽，穩定度不高，對企業的永續生存並不好。因此，要清楚員工怎麼請來（招募管道），就會怎麼走，至於重金挖角不是好方法；因為能用金錢挖來的人，也會被別家公司用重金「禮聘」而去。企業找來的人，唯有認同其經營理念，才能長期共同努力。

無論從內或外的新聘員工，都不希望來上班幾天就離職。所以在招聘時，給予求職者「實質工作預覽」，並說明本工作最重要的能力，這樣員工上班後，就比較不會出現「不如預期」而離職。

5.6　甄選

對一位應徵求職者而言，應徵者願意請假、花車費、花時間前來應徵這份工作，必定有意願獲得這份工作機會。但是應徵者也知道，要順利獲得這份工作，還必須跟其他競爭者「較量一番」，所以，應徵者在接受面談時，常儘量「包裝」自己，達「揚善隱惡」的目的。如果企業因此找到「不對」的人，而他願意自行離去，還算不幸中的大幸。最讓人擔憂的是，這位「不對」的人，還繼續留在組織內，想解僱既怕產生「勞資爭議」壞了企業形象，不解僱又怕影響組織氣氛，管理者面對這樣的「燙手山芋」，真是左右為難。

企業均應以有信度與效度的甄選工具，對前往企業應徵的人，透過各種測驗的方式，挑選出合於企業所需要的人；也就是找出合於出缺職位所需資格的人，以達到適才適所的地步。若要對前來應徵的人選，用最公平、最經濟的方式，進行各種過濾與測試，以求在有限的人選中，找到最適合的人，就必須有一定的甄選程序。這些過程包

括下列八項步驟：(1)初審／初談；(2)評估應徵者履歷；(3)測驗／測試；(4)複審／複談；(5)背景調查；(6)決定人選；(7)核發聘書；(8)體檢。透過這些程序，找到與工作特質相符合的個人，這個人在擔當的職務上，就會感到樂趣無窮，也會發揮其潛力。

　　企業較常採用的人才甄選方法，有測試與面談等兩大類。現行企業常用的測試方式，包括智力測驗、性向測驗（通常用在業務人員的甄選上）、實體技能測驗（例如：體能測驗）、成就測驗（例如：測驗應徵者的專業程度或電腦操作、打字等測試）等。藉由與應徵者面對面的接觸，可以對應徵者就某些問題，作深入的了解，或從應徵者的應對及面部表情等，較主觀的現象作出判斷，這是測試所做不到的。面談是甄選工具中，最常被使用的方式，甚至在許多場合中，是唯一的工具。

企業主管的面談須知

　　人到底是企業的「資源」，還是負擔？面談是重要的關鍵。因此，企業主管在招聘面談時，應該要注意下列九項面談「須知」，才能為企業找到「千里馬」。

1. 建立標準：

　　選人的關鍵，在於企業需要什麼人才？人才的標準是什麼？市場上哪裡可以找得到這種人？這種人才的薪資是多少？

2. 專業能力：

　　了解每個職缺的工作內容，分析該職缺所應具備的專業知識與技能外，這個職缺還需要具備哪些行為（團隊能力、分析能力、決策能力、服務能力等），將來才能避免找到「不對的人」。

3. 內外比較：

　　研究並分析自己部門內的人力資源，與外部主要競爭對手

所擁有的人才做一比較，才能知道應爭取何種人才，以增加自我的競爭優勢。

4. 擇人以才：

　　擇人時不能無原則，這是對團隊和企業的不負責任，因為企業不是收容「可憐」人的「慈善機構」，而是要找到能替企業發揮潛能與貢獻的人。

5. 寧缺勿濫：

　　找人要遵守寧缺勿濫的原則，不要有交差了事的心態。找IQ（智商）的人重要，找EQ（情緒智商）、AQ（逆境商數）的人也重要，也就是企業要能找到「3Q」的人。

6. 品德與人格：

　　德才要兼備，才是真正的人才，而且德優於才。因為才能補「德」，除非是「生命」真正的改變，否則很難。此外，也要注意員工的人格特質，與企業文化的搭配度，才不會讓員工「我行我素」，形成破壞大局的危機因子。

7. 適任為遴選標準：

　　「從優秀到卓越的公司」領導人，在推動改變時，先找對人上車（把不適任的人請下車），然後才決定要把車子，開到哪裡去（方向）。

8. 重視性向：

　　在決定誰才是「對」的人時，個性或內在特質，遠比教育背景、專業知識、技能或工作經驗都重要。

9. 部門合作：

　　尋才是用人單位與人力資源部門，共同合作完成的事，而不只是人力資源部門的事。

5.7　企業訓練

　　訓練績效的評鑑，常偏重於員工年度平均受訓時數的統計，或開課時數、類別、參加人數，及學員意見調查等統計數據。至於受訓員工或訓練課程，對公司業績提升有多少幫助？很難直接評估，何況許多公司的訓練單位，在安排訓練課程時，並未將提升業績，做為主要的考量，或是不知道如何把訓練計畫與業績提升，規劃成一體。而員工往往將訓練（尤其是公司外或海外訓練）當成福利，主管將訓練當成酬庸部屬的手段，使訓練的目標變質；訓練不僅未能在組織中發揮「附加價值」的功能，反而成為公司人事成本上的負擔。所以應將提升公司業務績效及提供員工更大發展空間，做為企業訓練的真正目標。

　　企業訓練係指為提升事業單位勞動生產力，針對在職員工，所辦理的技能與管理訓練。訓練是一種人力資源發展的活動，有效的在職訓練，可以增強個人的能力，使其在工作上做更好且適當的發揮，以提升工作的績效。為了幫助新進人員對於公司的了解與工作的適應，企業訓練的種類通常涵蓋新進員工的養成訓練（職前訓練）、在職員工的進修訓練、員工的第二專長訓練、員工的轉業訓練、建教合作訓練：由工廠與學校共同推動的輪調式建教訓練合作，或工廠、職業訓練中心與學校建教合作的技術生訓練。

一、新進員工的職前訓練

　　新進員工的職前訓練，不但可加速新進員工熟悉公司運作，及明瞭其工作的職責，更重要的是可以透過良好的規劃，而使員工產生一種被重視和被尊敬的感覺，因而可以大大的改變員工的思想，以及工作的習慣。有系統、良好規劃的職前訓練課程，不但可以協助新進人員了解未來工作的方向，更可以幫助新進人員做好份內工作。相

反的，若服務機構無法提供，有系統的課程給新進人員，新進人員將容易產生挫折感，無法接受現有環境，甚至會造成人員提早離職的現象。

二、在職員工的進修訓練

經營環境的變化，是如此的迅速。如果員工進修的速度慢，將是公司重大損失。所以讓員工吸取新的知識及經驗，以轉化爲工作進步的動力，及創新的源泉，這是在職員工進修訓練的主要目的。有效的員工教育訓練，和以下各階段是環環相扣的：

1. 需求診斷階段：

    根據企業培訓需求，輔以企業文化與學員特質，擬定培訓專案。

2. 專案規劃階段：

    針對培訓目標與訓練成效，與講師遴選、上課時間地點與費用及評估方式等，進行討論與專案規劃。

3. 專案部署階段：

    依據規劃階段的安排，包括講師連絡、教具教材準備、講義印製與場地時間再確認等工作，確保授課資源無遺漏。

4. 方案執行階段：

    協助建立良好培訓環境，並在課程進行中隨時掌控學員反應，更要適時與講師溝通教學內容，反應企業期望，使培訓效益更爲彰顯。

5. 評鑑發展階段：

    蒐集講師回饋、學員反應等資訊，提供訓練成效檢視、定期就訓練成效作追蹤，提出後續人力發展建議。

　　為強化企業競爭力，企業必須對員工訓練，實施的方式，最常見的有四種：

(1) 是由廠商自行辦理員工訓練，或其衛星工廠員工訓練；
(2) 是聯合訓練，則由兩個以上廠商，共同辦理員工訓練，或由同業公會統籌辦理；
(3) 是廠商委託教育、訓練機構或社團、財團等辦理之訓練；
(4) 是廠商指派員工參加國內外之訓練。

　　此外，政府為協助企業落實辦理員工訓練，並免費提供診斷服務，這是企業應該充分利用的。尤其是行政院勞工委員會職業訓練局規劃推動「企業訓練輔導團」專案計畫，邀集產、官、學、研等專家學者組成顧問團，提供書面諮詢輔導服務、到場諮詢輔導服務，及到場全程輔導服務。

三、建構e化的學習環境

　　開闢「教育訓練」專欄，不定期地將每個單位，所舉辦的教育訓練課程，放置在企業內的網路中，以建構e化的學習環境，讓同仁透過網路來學習，縮短學習的空間與時間。只要同仁有時間、有學習意願，都可任意學習；並且讓沒有時間上課，或想再複習的同仁，有地方可交流討論，打破傳統上課學習的藩籬。

5.8 績效評估

5.8-1 獎懲

　　我國行政體系的獎懲制度中，絕大部分訂有記功、記過等相關獎懲的規則。若是公務人員犯下某些錯誤，常會出現記過等警告；相對的，行政人員若立下什麼功勞，也會被公告記功。通常這些記功，可以折算成退休時的獎金，當然也會影響到升遷。在企業內，這種獎懲制度也是存在的，但目的無非是希望達到以下兩點：一是防止其他人重蹈覆轍，其他員工看到有人被處罰，當然有殺雞儆猴的警惕效果；二是責任歸屬，犯錯要有人負責，記過則是一種責任歸屬的表現。但是企管界目前已提出「非懲罰性處分」的管理，並認為這種方式，對工作效率的提升，才有真正的幫助。

　　非懲罰性的處分，既強調人人必須遵守企業準則的要求，又能顧全員工尊嚴。那麼究竟該如何進行非懲罰性處分呢？最重要的步驟是「初次提醒」，也就是主管與員工討論問題，提醒員工注意自己有責任達到組織標準，希望員工自動願意提出令人滿意的表現。這裡的提醒不是警告或訓斥，而是提醒員工注意兩件事：第一，應該注意現有績效，和期望績效間的差距；第二，有責任做好該做的工作。唯有當非正式的績效改進討論，不能成功解決問題時，才開始實行正式的處分措施。

5.8-2 績效評估

　　獎懲的績效評估，應遵從合理的程序，選擇適當的績效標準，有明確的目標、誠懇的面談。績效評估不只評估一個員工，過去在工作

上的貢獻及優、缺點，同時，也讓員工清楚未來的工作目標，以及應該努力的方向，這是輔助個人成長、企業成長的有效工具。員工的調任、升遷、加薪等重大決定，都必須依據精確的考核結果。沒有績效評估，企業就無法對員工的貢獻作出準確、合理、公正的評價；無法為員工的培訓需求提供依據；也就無法為員工制定自己的職業生涯規劃提供合理、客觀的資料依據，從而打擊了員工工作的積極性，損害了員工的創造性。現今，企業界和學術界都高喊「以人為本」、「人力資源是企業最重要的資源」之時，績效評估的重要性，也放在每位經理人的面前。績效評估不僅使個人的能力、技能有較大的提高，同時也使公司的整體人員素質不斷進步。在個人不斷進步的同時，公司也持續受益，同時也使各部門及其運作流程，朝企業戰略目標的方向前進。

一、績效評估的標準

績效評估的標準，包括絕對標準、相對標準和客觀標準三種，每一項可有很明確的要求，但衡量績效的總的原則，只有兩條：第一，是否使工作成果最大化；第二，是否有助於提高組織效率。績效評估的測量工具必須具備下列四個條件：

1.　公平性：

　　　績效評估最重要的就是講求公平。所以企業績效評估分數應不受個人宗教、種族、膚色、年齡、年資、性別等因素的影響。

2.　可信度：

　　　是指利用不同評估方法、不同時間，或不同的評估者，所產生的差異程度最低者；換言之，評估績效分數的一致性、穩定性最高。

3. 精確度：

　　是指績效評估結果實際反映工作要求，工作成果的程度，績效評估結果，實際反映工作表現的程度。

4. 低難度：

　　績效評估的表格內容和分數處理，必須客觀可行，以便評估者能勝任愉快的使用表格，計算出結果。

二、關鍵績效評估

　　各部門所從事的業務，都不太一樣，究竟應以哪一種作爲績效考核的依據？其實，關鍵績效評估能解決這些難題。因爲並不是所有的績效評估指標都能被量化，也並不一定只有量化的東西，才是可以被衡量、被驗證的；事實上，透過行爲性的指標，也同樣能起到衡量和驗證績效的作用。也就是說，關鍵績效的評估，是建立在定量化，或者行爲化的評估指標上，起關鍵作用的績效評估。

　　關鍵績效又可稱爲關鍵績效指標（KPI：key performance index），是指用於溝通和評估被評價者，主要績效的定量化，或行爲化的標準體系。一般來說，是指對於企業的生存與發展，起關鍵作用的一些員工行爲和表現。它體現了對企業目標，有增值作用的績效評估標準。基於關鍵績效進行績效評估，就可以保證眞正對企業，有貢獻的行爲受到鼓勵，使績效評估公平、公正，有據可依，眞正實現企業業績的提高。

　　企業中的關鍵績效指標，主要由三個層次構成：

（一）企業總體關鍵績效指標

　　它是由企業的憧憬、價值觀、使命和戰略目標決定的，不同的企業，有不同的關鍵績效指標。例如：A公司的一個關鍵績效指標是：利潤第一；B公司的一個關鍵績效指標是：客戶滿意度優先；C公司關鍵績效指標是：市場占有率第一；D公司關鍵績效指標是：員工滿

意度優先。

（二）部門關鍵績效指標

它是根據企業關鍵績效指標和部門職責來確定的。

（三）職務關鍵績效

它是由部門關鍵績效指標，落實到具體職務的業績衡量指標。因此關鍵績效，不光因企業差異而有所不同，也因部門與職位的不同而各異。

 **5.9　薪資福利**

房價這麼的高，物價也下不來，所以吸引卓越人才的關鍵，薪資是絕不能少的。一般求職者在決定，是否加入某一家企業時，其考慮的因素多半是公司的知名度、薪資福利，以及工作的本身。其中薪資福利是，關鍵中的關鍵。在人力資源管理中，薪資福利是非常重要的一部分，因為它直接影響到企業與員工間的工作關係。薪酬泛指企業因員工工作關係，而提供的各類財務報酬，包括薪金、福利及員工優惠等。

一、薪資結構

薪資是雇主為換取員工工作貢獻，依據雙方訂定的勞動契約，雇主所能及所願意給付的一種報酬。企業的薪資結構設計，主要是透過工作評價流程與原則，對於每一項職務所負責任輕重、所需條件、工作環境等因素逐一評等，而排列出對企業的相對貢獻，凡職務對企業的貢獻愈高，其薪資水準愈高，反之亦然。薪資結構的內涵，大體上

包含了基本薪資、工資、加給與獎金三項。基本薪資是對經任用的現職員工，經常性的給付（月或週），工資則是依勞動基準法，根據勞工因工作所付出的努力，而獲得的報酬。加給與獎金是，針對某些較爲特殊的工作（壓力、危險）、地區，或員工額外賦予非經常性的任務。

二、薪資酬賞類型

企業應將薪資結構與福利措施多與員工溝通，以激勵員工的士氣。在企業有不同的薪資酬賞類型，可區分爲兩大類：

（一）財務性薪酬

又可以分爲直接與間接兩種。直接財務性薪酬包括：工資、薪資、佣金與獎金。間接財務性薪酬包括：保險、福利、退休、各式補助，如婚喪喜慶補助、三節及生日禮券、免費員工團體保險、醫療補助、購屋貸款、就學貸款均屬之。

（二）非財務性薪酬

在非財務性薪酬裡，則可以區分爲職位、環境與實物給付等三種。

1. 職位薪酬：

   包括有趣性、挑戰性、責任性、成就感、受重視、晉升機會、充分授權等。

2. 環境薪酬：

   則包括接觸決策、有管理權、工作參與、彈性時間、訓練機會、工作環境、地位象徵薪資水準（是指企業對每位員工所支付的平均薪資額）。

3. 實物給付：

　　如年度聚餐、員工旅遊（提供多種國內旅遊路線選擇，並規劃員工自助旅遊補助方案）、社團活動（最常見的社團，有漆彈社、籃球社、釣魚社、撞球社、DIY工藝社等）、員工餐廳（自助餐、麵食、快餐供應）、KTV室（提供部門聚會、下班休閒好去處）、圖書室（專業期刊、書報雜誌開放借閱）、優於勞基法的休假制度、員工健康檢查、員工獎勵制度、三節禮品、慶生活動、電影欣賞等。

三、薪資酬賞的產業差異

　　福利水準與福利彈性的提供，在產業別方面有顯著的差異。一些成長性的產業，盈餘與利潤特別多，所能提供的福利也相對較多。不過在一些沒落的夕陽產業，所能提供者就不多。目前在國內企業較有制度的做法，通常有：十四個月保障年薪，定期依工作績效調薪，每週上班五天，享有勞、健、團保，高額年節禮金，年度國內旅遊、婚喪喜慶補助，特約折扣商店，定期員工健康檢查，員工餐廳，停車場，退休金提撥制度等。至於相關薪資福利的調整規則，則可按照年資調整，或依據考績調薪、整體調薪、職位變動的調薪等。

　　國內高科技產業頭痛的人力資源問題，除了缺乏所需的人才之外，最怕高科技人才的離職。因為這些人離職，就有技術擴散與相關客戶流失之虞。但挽留高科技人才，可能要付出更多的成本。所以企業經營者，應考慮高科技人才的知識，對企業所具有的商業價值，並比較高科技人才去留的利弊得失，以機會成本觀念作薪資調整，與利潤分享的設計，及員工去或留的決策。

表5-2　裁公司員額方案表

選擇方案	說　明
解雇	暫時或永久的停止雇用
遇缺不補	因退休或員工離職所產生的空缺，不再補充
調職	水平調職與垂直調職
減少每週工作時數	因所需工作時效降低，所採取的方案
提早退休	優退與非優退

腦力大考驗

一、企業在生命週期的不同階段，其人力資源戰略重心是否一樣？

二、「企業精神」這項專有名詞，是由誰先提出？其內涵是什麼？

三、何謂人力資源管理？在企業內扮演何種重要功能？

四、什麼是工作分析（job analysis）？它究竟有何功能？

五、企業招募的過程為何，請簡要說明？

六、企業甄選人才，有哪些重要的程序過程？

第 6 章

研發管理

　　馬偕博士對台灣最主要的貢獻，是在宗教、醫療、教育、文化、農藝與公共衛生等六個方面，對台灣當時有極大的創新突破。譬如，他開設女子學堂，免費提供膳宿、衣服，並代付路費，以鼓勵常被視為「無才便是德」的女子就學。在精緻農業方面，則引進蘿蔔、花椰菜、敏豆、甜菜等種子，以增加當時農村所得。但最被稱道的，還是他的醫療服務！因為他醫治了無數的民眾，使許多台灣人，免於病痛的折磨。他最為人知的圖像，就是在路旁、在廟前，為人免費拔牙。同時他還積極研究如何預防虐疾，以降低台灣人相關的威脅。於是他大力倡導公共衛生，減少傳染性蚊蟲的繁殖，同時成功找到虐疾特效藥－「金雞納霜」，並免費分發給百姓，當時這種藥被稱為「馬偕的白藥水」。馬偕博士奉獻了30年寶貴歲月給台灣後，於1901年6月2日病逝，安葬於淡江中學校園裡的墓園。

6.1　企業研發的重要性

　　回首台灣經濟發展過程,有許多耀眼的明星產業,從早期鞋子、雨傘、球拍、自行車等等,到後來的電腦、滑鼠、主機板、晶圓,都是台灣相當引以為傲的產業。台灣兩千多萬人口的島嶼,製造了足以供應給全球市場的產品,其中很多產品的產量,甚至高居全世界第一。這些產業到哪裡去了?如果沒有持續創新研發,最後只好追逐比較利益,到工資土地低廉的地方,像逐水草而居的方式生產。永遠找不到根,而且稍不小心就可能覆亡,為什麼呢?因為沒有創新研發!

　　研發創新是企業發展的生命力及產品創新、技術突破的原動力,故研發的持續投入,將是貫徹企業發展的最佳策略。我國目前的產業環境,已從過往的勞力密集產業,進入到高科技的生產,而科技又不斷的推陳出新,因此企業必須投入更多的研發能量,才能脫穎而出。對企業而言,競爭求勝的關鍵,不僅在於技術的高低,更在於創新成果商品化的速度(time-to-market)。企業的研發,對企業的生存與發展,具有無可替代的重要性。

一、提升獲利能力

　　在微利時代的走向之下,製造業者雖然滿手訂單,但事實上常常未能相對獲利。面對類似挑戰,需要藉由對研發創新的有效管理,重新發展市場利基與技術策略,才有機會改善企業的經營體質,進而提升公司的獲利能力與市場競爭的優勢。實證研究發現:企業研發的投資對企業的盈餘及股價,有正向且顯著的遞延效果,平均而言,一元的投資,在未來七年內,可創造兩元的盈餘,以及五元的股票價值。

　　研發緩慢就是落伍,就會影響企業獲利。一般來說,第一個推出

新產品的公司，將可獲得七到八成的市場占有率，後續進入者要奪取這個領先寶座並不容易。因此如何加速產品研發成為市場先行者是企業生存發展的重要議題。

二、永續生存

研發是企業的生命線，也是企業的核心競爭力。全球化競爭的時代，產品與技術的生命週期愈來愈短，研發速度對現代企業而言，代表最大的機會與威脅，若能將研發時程做良好的管理，縮短研發時間及早上市，愈早代表競爭力愈強、利潤也愈高。反之，可能連上市機會也沒有，即使上市，恐怕就落入流血競爭，利潤微薄，甚至血本無歸。就產業演進發展史的角度，其實也可以說是一部不斷研發創新的歷史。因為有研發才有創新能力，才能縮短產品研發的時間、強化研發品質、提高產品與技術開發的成功率，進而創造企業長期的競爭優勢。國際公認的企業研發經費，應該要達到銷售額的4%，至於跨國大公司的研發投入，一般占到營業收入的10%以上。這是企業的生死線，只有達到這樣一個比例以後，才能維持企業產品的市場競爭力，以及維持企業的生存。

以國際汽車為例，研發費用會占到總成本的5%。素以技術先進聞名的戴克集團，每年在研發的投入，幾乎都超過60億美元；奧迪集團的投入則超過了汽車成本的6%。連一些零組件企業，如德爾福每年在研發上的投入，也都超過了20億美元。

三、適應新的經營環境

在知識經濟的時代，研發創新已成為創造競爭優勢的主要根源，知識也因為法律保障，與交易市場蓬勃發展，而確立其市場價值。因此在許多企業的營運管理活動中，知識與技術的研發創新，逐漸躍升為經營的核心部分。因應全球化的經營趨勢，快速研發、創新價值已成為企業擺脫競爭者的利器，也是永保競爭力的不二法門，而

企業研發管理能量的提升，更是企業生存的決勝點。研究發展在企業
管理中，所扮演的角色，目前已發生巨大的變化。以連續十二年，位
居美國專利權數量排行榜首IBM的經驗為例，每年的專利授權收入，
都超過10億美金（目前在全球設立有八個研究所）。這主要是由於
全球化市場，與網路科技的快速發展，越來越多的企業，採取以技術
創新為競爭核心的經營策略，再加上知識經濟社會，形成贏家通吃的
獨特現象。因此，企業無不積極投入於研發創新，企圖以專屬的知識
產權與技術專利，來擴大其在全球市場的版圖。

　　對我國來說，約93%的廠商，未投資新產品的研發創新，而技術
的來源，主要仰賴政府及財團法人研發機構，相關技術的移轉與輔
導，或直接由國外引進技術。以我國目前經濟成長已達相當水準，且
國際智財權爭議不斷，因此更凸顯研發的重要！

6.2　研發管理

　　對企業而言，產品開發是最重要的生存之道，但卻需要耗費很
大資源，並具高度的風險。21世紀的全球化經濟，為市場帶來劇烈
的變化，在持續追求最低成本的競賽之外，也推升了以「研發」，作
為企業目標的知識經濟浪潮。為了從激烈的市場競爭中脫穎而出，愈
來愈多的企業，試圖藉由研發來創造新優勢。然而，企業持續對研發
創新工作加碼，是否真能一如預期地產生應有的效益，其關鍵就在於
「研發管理」。

　　研發不是單打獨鬥，而是需要與其他部門合作協調。目前許多企
業最困擾的問題，乃是部門間的橫向整合問題，尤其是以產品開發、
製造、行銷為主要經營項目的（科技）製造業，各部門間常因各自專
業與職責立場，無法站在產品整體競爭力的系統觀點上，考量與有效
整合，造成溝通不良，徒然耗費時間在研商與爭辯之中，不能快速反

應市場與顧客需要，以致貽誤商機，甚至喪失訂單。

　　研發管理（research management, 簡稱 RM）就是在研發體系結構設計的基礎之上，借助資訊平台，對研發進行的團隊建設、流程設計管理、績效管理、風險管理、成本管理、項目管理和知識管理等活動。也就是說首先確定研發體系結構，然後按照體系結構，來建構高水準研發團隊，設計合理高效的研發流程，借助合適的研發資訊平台，支持研發團隊的工作，用績效管理提高研發團隊的積極性，用風險管理控制研發風險，用成本管理使研發在成本預算範圍內，完成研發的工作，用項目管理確保研發項目的順利進行，而知識管理讓研發團隊的智慧聯網和知識沉澱。由研發管理的內涵可知，研發所著重的要點，主要在探討企業，如何預測未來的前瞻科技趨勢，如何選定具有商業價值潛力的研究主題，如何平衡長短期的研究目標，如何有效整合分配企業內外的研究資源，如何確保技術研究的商業化，如何管理研究人力資源，以及研究專利和知識管理等。

　　研發管理的根本目的，不是在管理研發人員，而是在架構一個優質產品研發的支援環境，整合資訊科技與管理概念，創造產品資料再利用價值，協助研發人員專注於產品的創新，蓄積產品研發能量。因應產業全球布局，所衍生產品研發管理的複雜化問題，達到共同合作產品研發的可銷售性、可生產性、可信賴性及可維護性，並符合環保規範創造產品研發管理的良性循環。

　　研發管理要和企業發展策略，密切的配合。同時也要抓住產業趨勢的最新變化，才不會徒勞無功，以下就研發管理各層面加以說明。

一、研發項目管理

　　研發屬於動態作業，整個流程可能橫跨所有部門，故研發是以項目為導向的，因此，研發管理中的項目管理，不可或缺。特別是企業資源有限，如何集中「火力」，專攻某些特定項目。千萬不能亂槍打鳥，研發太多項目。

二、研發成本管理

隨著微利時代的來臨，企業要從各個方面節約成本，包括研發成本也要控制。研發成本的控制，並非指壓縮研發規模，或者減少研發投資，而是指減少研發中不必要的開支，用較少的投入，獲取較大的研發成果。廣達電腦將配合美國麻省理工學院「媒體實驗室」的「每個孩子都有筆記型電腦」（OLPC, one laptop per child）行動組織，生產低價筆記型電腦，供應第三世界的學童。這就是將研發成本管理，和研發成果的收益結合起來，貢獻社會的具體例證。

產品在其生命週期的不同階段，所能獲取的利益不同，研發要在產品的不同生命週期，有不同的投入。比如在新產品開發的時候，研發投入較大，但是研發收益幾乎沒有，一旦新產品開發出來，得到市場的歡迎，則要加大研發投入，改進產品性能。到產品的成熟期，市場競爭激烈，產品改進研發投入要收縮，直至完全取消。

三、研發知識管理

研發是屬於創造性、知識性的作業活動，需要研發人員用智慧產生結晶。如何調動研發人員的智慧，並且讓他們的智慧共享和沉澱，是研發知識管理所要做的。一般來講，研發人員會將自己擁有的專業知識作為向企業討價還價的本錢，而企業則希望員工發布出來，從而實現提高企業競爭力。為了解決上述矛盾，必須有一套合適的誘因激勵系統。

四、研發績效管理

合理的績效管理，能夠有效的激勵研發團隊積極工作，促成研發成果。研發管理的績效評價指標有：研發項目的難度、研發效率和研發質量。研發績效管理應該考慮，企業的整體戰略，應用平衡記分卡等工具，制定研發績效評估系統。

五、研發風險管理

　　若產品研發方向錯誤，或不符消費者需要，後續再大的努力，也是徒然！因為生產管理無法彌補設計研發的錯誤。研發的危機，主要由以下三點構成：研發人員、研發資訊安全和研發成果。研發人員可能被競爭對手挖角，對外洩密或者惡意破壞；研發資訊風險指研發資訊可能被研發人員洩密或者破壞，也可能因為遭受災難、意外事件或者別人的攻擊導致風險。研發成果風險指研發出來的產品或服務，可能是過時的、不受歡迎的；或者研發的投入太大，導致企業經營的風險；或是研發的投入，大於研發產生的效益。研發風險管理則是，以風險為主要的控制目標，制定一系列規章制度，有效將風險降低到可接受的水準以下，否則就必須增加控制措施。

6.3 創新

　　創新（innovation）的觀念，最早係由Schumpeter在1930年代所提出，透過創新，企業組織可使投資的資產，再創造其價值高峰。創新一詞，在英文字面上的意義，具有「變革」（change）的意思，亦即將新的觀念或想法，應用於技術、產品、服務等之上。因此創新是將創意及點子，予以具體化，進而創造出獨一無二的產品、技術、服務品質等。

　　創新除了有助於改進與提升組織的品質外，更重要的是激發組織，及個人的創新潛能，使組織中產品、技術、服務等，均能不斷創新發展，維繫組織整體的競爭優勢。創新可能表現在更低的價格、更新更好的產品（即使價格較高）、提供新的便利性、創造新需求、為舊產品找到新用途等等。創新和行銷一樣，無法偏限於特定部門或人士，而必須延伸到所有領域、活動和部門。舉凡設計、產品、行銷技

術、價格、顧客服務、企業組織或管理方式上的創新，都在創新的範圍內。譬如，7/11的創新，它發源於美國時，僅是家便利商店，從7點開到晚上11點，有別於9點到下午5點開的超市。但是到了台灣，由統一集團投資，不斷磨練，改良，完善，7/11裡24小時燈火通明，而且成為社區裡的神經中樞。在不到50平方米的地方，你可以消磨一天，早上買杯咖啡，吃早餐，看免費報紙，免費雜誌，上網，寄信。午餐，晚餐都可買便當在這裡解決。凡是要繳的稅，罰款，勞保，健保費，都可在這裡繳。還可以寄快遞，領網購的書，更可以買車票。

表6-1 創新的分類

分類觀點	代表學者	創新的定義
產品觀點	Blau & Mckinley（1979）、Burgess（1989）、Kelm et al.（1995）、Kochhar & David（1996）	以具體的產品為依據來衡量創新。
過程觀點	Kimberly（1986）、Drucker（1985）、Amabile（1988）、Kanter（1988）、Johannessen & Dolva（1994）、Scott & Bruce（1994）	創新可以是一種過程，著重一系列的歷程或階段來評斷創新。
產品及過程觀點	Tushman & Nadler（1986）、Dougherty & Bowman（1995）、Lumpkin & Dess（1996）	以產品及過程的雙原觀點來定義創新，應將結果及過程加以融合。
多元觀點	Damanpour（1991）、Russell（1995）、Robbins（1996）	主張將技術創新（包括產品、過程及設備等）與管理創新（包括系統、政策、方案及服務等）同時納入創新的定義中。

資料來源：林義屏（2001），市場導向、組織學習、組織創新與組織績效間關係之研究：以科學園區資訊電子產業為例。國立中山大學企業管理學系博士論文，頁26。

知名的創新大師克里斯汀生（Clayton M. Christensen），就曾提出寶貴的「破壞性創新」理論，指出新組織可用相對較簡單、便利、低成本的創新創造成長，並贏過強勢在位者。因此，創新應包含以下五項內容，（一）創新本質來自於創意及點子；（二）創新目標乃在於組織品質的改進與提升；（三）創新項目包括技術創新（產品、過程及設備等），與管理創新（系統、政策、方案及服務等）技術、產品、服務、管理；（四）創新過程乃從抽象、全新的構想，轉化為具體、可行的行動過程；（五）創新結果是一種「新東西」（new），且為市場上從未出現過。

6.4　創新研發實力評估

研究發展係為企業的再生功能，企業為求未來的長遠發展，就必須重視技術的不斷創新和改良。然而，生活型態和消費習性的改變，以及科技的日新月異，在在使得產品的生命週期縮短。因此，只有不斷推出新產品，和投入足量的研究發展，才能不斷地延續產品的生命。同時，面對變遷中的經濟環境，企業若不能持續創新及改良經營條件，勢必難以生存，更遑論成長發展；所以研究發展乃成為企業經營，必須正視的政策，與必須發揮的功能。但是要如何正確評估，企業的研發實力呢？古人有云：「知己知彼，百戰不殆」。以下提出六項評估的重點。

一、技術面

企業應該針對研發技術能力，進行自我評估。衡量的重點，在於三方面：

(1) 企業是否擁有技術強度（技術領先程度、技術廣度），或具有某項關鍵技術，或具有系統整合能力；

(2) 企業的智慧財產權強度，包括具有廣泛與關鍵的專利、智慧財產權的保護能力；

(3) 產品推出（開發）的速度，與產品的先進程度、完整度。

二、研發策略面

產品雛形是產品概念具體化的結果，較多由研發人員、製造工程人員，與行銷人員共同參與發展，主要做為新產品試產與試銷的工具。新產品經反復修正後，終於完成最終產品，才能展開大規模的量產投入，與市場行銷計畫。研發策略面應重視的有：

(1) 完整的研發策略，並與公司的策略相結合；

(2) 定期進行科技（技術）的預測工作，並預為因應產業技術的變化。

三、流程面

(1) 研發工作技術性、創新性的本質，十分符合專案的特性、不重複性、複雜性，以及時效性，因此，研究發展常在技術規劃的整體架構下，以計畫專案的方式來運作；

(2) 知識管理制度與運作（含正式或非正式的學術研討會或交流會、技術報告撰寫與流傳、研發紀錄簿、專屬的圖書館）；

(3) 智慧財產權管理制度與運作（含正式的專利申請制度、獎勵專利創新、進行專利分析與專利布局、相關營業秘密保護措施）；

(4) 清楚的技術移轉，或研發策略聯盟管理流程，與技術內部擴散制度；

(5) 研發單位每年訂有年度計畫與明確的預算編列，並據以實施。

四、研發運作環境面

(1) 適合研發的組織氣候（鼓勵創新與提出不同意見、小組運作、資訊分享、彈性工作）；

(2) 研發單位與各單位的互動關係良好（包括與人力資源、製造生產、行銷業務、財務會計、資訊等部門間的互動）；

(3) 研發單位各項實驗設備充足，且有專人負責操作，維護與校正；

(4) 輔助研發工作的相關軟、硬體設備充足，且充分供研發人員使用；

(5) 公司內、外部的網路與E-mail系統充足，可有效促進技術資料的傳播。

(6) 研發計畫管理可藉由電腦軟體的應用，隨時輕易掌握專案最新狀況（進度、品質、成本），並能快速做成各種模擬變動，以便做最佳化的調整與控制。

五、研發人力資源管理運作面

(1) 公司研發單位的組織分工明確；

(2) 研發單位的人員進用、培訓、分工、升遷、績效考核制度完整且運作良好；

(3) 研發人員專長完整，人員充足。

六、績效考核與運作檢討

　　研發有兩種重要的領域，一種是基礎研究，另一種是製品開發。研發單位應對這兩項研究進度與成果，定期的檢討，並訂出考核研發單位績效的具體辦法。

6.5 「研究發展」的「績效」評估

研究發展管理與其他如財務、生產管理等相同，由繁多的企業活動所架構而成。但由於研發活動的執行效率難以稽核，成果不易評估與預測；以致於無法有效進行研發管理的作為，以提升研發部門的績效；因此，企業亟需完整的產品研發管理方案。

完整的產品研發管理方案涵蓋：研發管理診斷及評估、研發管理建立及改善、整合產品開發流程、產品工程技術服務、市場產品規劃方法建立及導入、新興市場產品策略、前瞻科技趨勢評估、研發專利管理、研發知識管理系統建立、研發資訊基礎建設及安全管理，以及研發人力資源及績效管理等。研發管理方案既是如此的複雜，但早期的研發活動，主要由科學家與技術專家主導，企業高層幾乎完全不參與研發相關的決策。研發主題的選擇，大都由技術人員自主決定，沒有明確的商業化動機，研發成果的評量，也都以技術產出指標為主。這對於企業資源的使用，以及其所急迫的研發成果，幫助極為有限。

在知識經濟時代，技術已成為企業競爭的重要資源能力，與技術有關的策略規劃，已逐漸躍居經營策略的核心地位。多數企業經營者也都知道「研究發展」，是企業發展的命脈，也了解「績效」對於企業生存與獲利的重要性，可是談到「研究發展」的「績效」，卻不易在過程中進行「績效管理」。目前如何對研究發展，建構公正客觀的績效評估制度，對各企業顯得十分重要。

績效評估並非只是消極的監督及控制，應該是積極的發掘問題、解決問題，以利計畫如期完成，並能達到預期的目標。研發績效評估應包括一連串科學方法，與精神的運用，所得的結果，代表企業重要的價值判斷。研發績效評估可說是企業內，最難以適當衡量的工作，由於研發工作具遞延的特性，屬無形資產（知識與腦力）運用及

工作成果，因此難以具體指標直接衡量。一個好的研發績效衡量系統，不僅有助於了解研發經費回收的情況，同時可幫助研發單位對研發策略目標的再檢討，以符合企業組織目標。

一、績效評估步驟

　　績效評估在執行方式上，首先應組成評估小組（review team）。小組成員應結合行銷、研發、製造、測試、品管、技術員、使用者，對設計產品做階段式的評估。分析產品自規劃、設計、製造等階段具有之價值與關聯性，以期產品能確實滿足顧客需求。此外，績效評估應遵循的固定步驟是：確定績效標準評估因素；接著訂定一個符合組織及個別目標的績效評估政策；在訂定好績效評估政策後，即可開始蒐集相關資料進行績效評估；評估後與員工（或相關人員）討論評估結果，作為改善根基；最後做出決策，並將評估結果歸檔處理。

二、績效衡量指標

　　各企業應依照文化、營運狀況及發展策略，定出不同的評估內容，以求發展出一套較為適切的績效衡量指標。衡量指標的設立，大都與研發項目的關鍵程度，研發專利項目的量，提升舊產品的品質與功能等有關。以下有四項要點：

(1) 績效評估的系統，必須按組織層級發展出不同的衡量指標，隨時驗證各種作業的實施成效，及其是否能達成預期的策略目標。

(2) 企業內部所認同的指標，不一定與消費者的認同一致，所以如果能引入外部人員（例如：成立設計評審小組、即包含專家和技術顧問的委員會、引入採購部門、生產部門、財務部門的人員）參與評審，效果會更好。

(3) 利潤、現金流量及投資報酬率等傳統的財會指標，仍有其舉

足輕重的份量。

(4) 績效標準的選定不應再以歷史績效的改善為滿足，而不論是
內部或外部指標，其標準最好皆以外部市場，尤應以主要競
爭對手的最佳表現為基礎，如此可維持一定的競爭優勢與長
遠發展。

三、研發績效管理

　　績效評估是管理程序極重要的一道程序。研發的績效管理，基本
法則只有兩個，一是「要徑法」（CPM, critical path method），二是
「實獲值管理」（EVM, earned value management）。「要徑法」由
杜邦公司與remington rand公司發展出來，主要是解決「時程」的問
題（什麼時候做什麼事？要多少時間？哪件事先做？已經做了多少？
什麼時候可以做完？）。「實獲值管理」是由美國國防部提出，原名
是CSCSC（cost／schedule control system criteria），主要用於監管
承包商的時程與成本。

　　基本上，結合「要徑法」及「實獲值管理」，就可以知道到現在
為止（資料結算日期），應該完成多少的工作（計畫值），實際上做
了多少的工作（實獲值），及花了多少的成本去做這些工作（實際成
本）。這些數據與原來的計畫比較，就能夠「隨時」掌握進度是否落
後？成本是否超支？問題出在哪裡？誰負責該工作？對整個計畫的影
響如何？這套機制經過美國國防部花30年的時間，700多個專案的驗
證，可以說是經過千錘百鍊，已經成為「研究發展」之「績效」管理
的經典，並且成為世界性的標準。

6.6 研發人才條件

從人類工商發展的歷史回顧，產銷技術必然隨著科技水準而改變。這些改變的頻率，從前較慢，現在則真可說是一日千里。農業時代長達數千年，而工業革命至今方才三百餘年。電腦的發明及應用有數十年，網際網路的開始普及，則不到十年。除此之外，生物科技的突破、材料科技的進步，都在這幾年內，紛紛展現出令人眩目的成果。這些效果的背後，研發人才居功厥偉。

企發部門扮演公司火車頭角色，一般而論，企業「成熟」的研發人才，應該具備五種能力。

一、人格特質

研發充滿挑戰與困難，所以自信、負責，勇於突破困難，是應該具備的人格特質。吳寶春的酒釀桂圓麵包，是以桂圓代替西方常用的葡萄，以西方的紅酒，代替台灣傳統的米酒，奪得了亞洲選拔賽冠軍，2008年「樂斯福國際麵包大賽」的銀牌，這項比賽被喻為，麵包界的奧林匹亞。吳寶春說，對於產品研發他堅持三個原則，一要吃得順口、二要吃得舒服及滿足感、三要吃得幸福及感動，如所研發的產品無法達到前二項，他一定不將產品上架。

優秀研發人員在個性表現上，針對某個專業領域中的技術障礙，應有積極不懈的奮戰精神與毅力。在未要求解決問題之前，就積極去了解問題，為將來解決問題，和抓住那些稍縱即逝的機遇做準備。此外，自信的人格特徵也是不可或缺的，這通常表現在對自己的專業判斷力上，充滿信心，和對專業工作負責任的態度。

二、邏輯推理

市場環境的快速變遷，企業對於新產品開發活動，要求更高的彈性與應變速度。因此，研發部門經常被要求在特定時間內，解決客戶所有的需求、願望和問題，所以研發的工作，需要高度邏輯推理的分析能力。在把研發的任務，分割成各個組成部分時，往往會用到這種分析性思維，尤其在對障礙進行預測和計畫時，或對情況的後果，做出預先判斷時都會用到。所以研發人員的邏輯推理，是不可或缺的要件。以iPhone為例，當它問世時令人驚豔不已，但它一點也不輕、不薄、不短、不小，卻符合消費者的期望。

三、技術能力

儘管同一個行業，各個公司的業務重點，和研發專案不同，對研發人員技能的要求，也存在著不同的差異。以軟體研發人員為例，使用的開發平臺不同、開發工具不同，研發人員的技能要求也不同。不過可以肯定的是，基礎技術知識在一定程度上，與創造性地解決問題相關，這是研發人員最基本的能力。如果企業的研發人員，具備高超的技術開發能力，通常就能滿足研發專案的需求。

四、語言能力

由於跨國公司在全球的研發機構，往往僅是其全球研創機構的一部分，所承擔的專案，可能與其他國家的研發中心，合作或同步進行，使用的研發平台和標準等，也往往是在英語，或其他語言的環境之下。因此，某一國的研發人員，可能需要與其他國家同事間進行溝通，所以外語溝通的能力是必須的。

五、協調能力

由於企業性質、組織文化、產品型態、經營策略、管理風格的

差異，企業往往採取不同的新產品開發程序。就原則來說，產品開發涉及到許多部門的業務與功能，因此溝通與協調，是其成敗的重要關鍵。有人說：「專業能力只是進入職場的門檻條件，真正在職場上，想要獲得較大成就的最大影響，關鍵就是溝通能力」。對個人職場生涯來說是如此，在研發（技術）工作也是如此。因為產品概念是綜合各組織成員，與企業關係人需求與意見而成，對於新產品的各項特徵給予具體的說明，以做為未來開發產品，具體的指引與溝通基礎。此外，研發所累積的寶貴經驗與心得（即know-how），如不具溝通協調能力，就不易產生技術擴散的效果。研發專案通常需要以，團隊合作的方式進行，僅懂技術而不懂得溝通協調的人員，所能參與的部分非常有限。事實上，新產品的開發過程，由於關係人利益動機的不同，例如：顧客、經銷商、供應商、研發工程師、製造人員、行銷人員之間，對於產品的認知都會有所差異。因此希望能綜合出一個兼顧各方利益，大家都可以接受的一個產品定義，往往需要經過冗長的溝通與協調過程。與其他單位的協調能力，就顯得格外重要。

6.7 研發管理困難

從企業經營面來看，在未來全球競爭的環境中，以知識（knowledge）為主的競爭優勢，將取代傳統以生產要素（factor conditions）的競爭情勢。由於科技的快速擴散，及其所衍生出的全球生產過剩（global overcapacity）現象，使持續的研發創新經驗的累積，成為企業存活與維持競爭優勢的最佳利器。但是企業研發的風險極高，投資研發創新的回收率，又有極高的不確定性，尤其是大型整合系統或高科技產品，研發初期通常需要投入大量的人力、物力。如此努力的投入，仍無法預期會獲致什麼樣的結果，即使研究成果能有所突破，此一成果是否能順利發展成商品，而被市場所接受，存在

著相當大的不確定性。

此外，研究發展的成果，若非透過適當的法律保護（如：專利權），則極易為他人所模仿，而使最初致力於研究發展者，蒙受巨大的損失。事實上，許多企業目前都面臨研發管理的嚴重問題，例如：研發設備昂貴、研發資金籌措不易與融資困難、研發主題難以抉擇、時程冗長延宕、無法商業化、研發和業務銷售單位不協調、資源經費重疊浪費、人員績效考核不公、長短期研發目標衝突等。

當然企業不一定要自我研發，技術創新在某些情況下，可以運用策略聯盟來推動技術創新，反而更符合企業的利益；譬如：靈活運用技術合作、技術授權、技術移轉、技術交易、購併合資等手段，對提升技術創新的效率與效能將更有幫助。但若非要在自己的企業進行，在不打沒把握的仗的情況下，應當記取以往企業失敗的教訓，這些經驗涵蓋七個方面。

一、未能掌握市場變化

研究發展是當今全球企業，追求永續成長的原動力。在全球化競爭激烈的時代，企業研發應具備預見市場的能力，也就是要能看到客戶所在市場的變化，了解客戶未來的需求走向，如此才能儘早擬定，技術策略以為因應。反之，若不了解使用者及使用環境，所訂定的產品規格，必然遭市場唾棄。

二、研發流程管理不當

在資訊發達與市場激烈競爭的時代，企業技術差距日益縮小，且產品生命週期愈來愈短，時間往往成為技術或產品開發，成敗的關鍵因素，開發時間的延遲，代表著企業成本的增加，和利潤的削減。許多商品雖有良好的構想與企劃，卻因研發時程的延誤而功敗垂成，檢討過去失敗的經驗，常非因技術無法突破，而是研發流程與作業的管理不當，或缺乏有效的時程管理技巧所導致。

研發管理常出現以下五方面的錯誤：

(1) 研發之前沒有適當規劃，未詳細展開相關作業及人力需求，自然會導致實際執行的情形與預期落差太大，不但影響研發時程，甚至影響到其他項目的進行。

(2) 研發人力等相關資源，缺乏適當的機制或判斷標準，導致項目成員不適當的調動，造成資源無法有效運用，也影響研發進度和質量。

(3) 研發項目進度控制缺乏適當的機制，造成部門間無法有效掌握對方的工作進度，而高階主管也無法及時得知特定項目的進度。

(4) 項目組織不明確、項目成員間缺乏適當的溝通管道，造成問題的延宕，並影響研發進度。

(5) 項目變更缺乏適當的機制，決議事項也未追蹤是否確實遵循，一直到客戶要求的期限快到時，才發現許多重要研發工作，皆未完成，因而造成研發工作混亂，並影響研發品質。

三、資金不足

商業研發創新具高度不確定性，同時由於過程複雜，故研發過程耗時，時效難以掌控；故需大量的長期投資。企業常採取擴大技術，和創新的投資規模，來維持企業成長與競爭的優勢，以促使大幅增加企業的市場價值。使用手段包括：擴大研發支出、延攬技術團隊、購併新興科技公司、委託大學與研究機構，從事前瞻性技術的研發，取得技術專利等。在科技發展日益精進的今天，研發與創新的分工越來越細，一項新產品的開發，常常涉及多種技術領域。在此科技日趨複雜，且創新活動分秒必爭的雙重壓力之下，卻又常常面臨設備投資，太過龐大且負擔過重，導致研發意願低落，資金不足的窘境。為解決此困境，政府、企業、大學及研究院（工研院或中山科學研究院）可共同出資形成研發策略聯盟，現在即使對創新資源，相對充裕的大型

企業，研發創新的合作，都已成為難以抗拒的生存手段之一。大型企業尚且如此，更遑論中小型企業。

四、研發進度不易掌控

權威調查顯示：大約70%的研發項目，超出了估算的時間進度，大型項目平均超出計畫交付時間，20%至50%；90%以上的研發項目，開發費用超出預算，而且項目越大，超出項目計畫的程度越高。如何有效的管理研發項目，是企業面臨的最大管理問題之一，跨部門項目組織溝通與協調問題，開發人員流失，所造成項目的延期，以及多項目的管理和協調，都使項目計畫、進度和質量難以控制。

五、研發人才難尋

具研發與設計的專業能力，是企業爭取的研發人才。由於大企業具雄厚財力，這樣的企業，也比較容易找到好的研發人才，專心進行研發。反觀，中小企業受限於財力，一個規劃不當，或無法短期交出成績的研發計畫，往往就有可能拖跨公司財務，這也就造成中小企業投入研發，與技術提升的意願偏低。長期來看，不利於提高產品附加價值，及全球化的競爭。

六、缺乏遠見

台灣的研發以製造或客戶化（customization）為主，以數量、價錢及速度取勝，這種做法雖然鞏固了台灣，在世界分工的地位，卻也造成研發人員，無暇從事高深度、高利潤的研發工作。國外公司有能力主導標準，制定並預測市場走向；開發新產品時，較仰賴軟體提升產品性能及價值，以產生高利潤；並與競爭者作區隔。然而台灣產品多以軟體作為硬體的附屬品，以吸引客戶多買些硬體，所以只能賺取微薄利潤。所以企業主是否有遠見，也可能成為企業發展的障礙或助力。

七、資訊防護力不足

　　水能載舟亦能覆舟，企業研發資訊系統本身的弱點也很多，其中最主要的就是資訊安全。根據世界各地這幾年來，所發生的資訊安全事件，企業在營運及策略上，對資訊科技的依賴愈深，資訊安全事件對企業，造成的傷害也愈大。研發資訊不安全，對企業競爭力的危害極大。除了資訊與網路系統本身的安全性之外，研發資料的保護不周，也會嚴重衝擊企業的競爭力。所以在努力提升研發能力的同時，研發的資訊安全管理，是企業必須面對的問題。

腦力大考驗

一、企業的研發對企業的重要性為何？

二、何謂研發管理？

三、研發績效評估的三大環節是什麼？

四、研發人才應該具備哪些能力，才能稱為合格的研發人才？

五、企業目前面臨哪些研發管理的嚴重問題？

六、請具體列出研發管理常出現的錯誤？

第 7 章

財務管理

時事小專題

　　民國53年台灣爆發小兒麻痺症大流行，陳忠盛二歲時，因感染了病毒，導致雙腳肌肉萎縮，而被家人送到喜樂保育院。喜樂保育院是美國籍的瑪喜樂女士（又稱二林阿嬤），於1965年創辦專門收容小兒麻痺症兒童的地方。他受到「二林阿嬤」的愛與照顧，因此從小就立定心志，未來要回報大愛。之後他考上中台醫專，畢業後，到高雄回春醫院工作，一路晉升到行政副院長的職位。民國八十二年，他到醫療資源最缺乏的雲林縣麥寮與崙背鄉，成立喜樂醫院。當時只要家境貧困的患者，都不收自付費用。誰知風雲有變，貸款銀行的經理換人，新的經理竟向他索求，3,000萬元的公關費，同時陳忠盛又被騙簽下，不將貸款轉到其他銀行的同意書，卻又被該銀行縮短貸款的期限。在不懂得財務管理及多方無奈下，滿腔熱血的陳忠盛，只好放棄醫院大愛的工作。所以僅有熱心，卻不懂財務管理的專業，是不夠的！如今陳忠盛先生仍成立愛加倍庇護工廠，為那些殘障者的生計而奮戰。

7.1　財務管理的意義與目標

　　財務管理是指企業資源的取得、管理與融資的科學。企業財務管理具體內容，涵蓋資金的募集、管理、運用，以及財務的規劃與控制（透過財務預算與財務報表）。

　　財務管理在整個管理決策中，扮演極為重要的角色。因為大部分的商業決策，幾乎都與財務相關，而且財務管理滲透到企業的各個領域、各個環節之中。但是，企業財務管理的目標，必須直接服從或受制於企業的總體目標，如果偏離了企業的總體目標，也就失去了其特殊意義。從另一個角度而論，企業財務管理基本目標，不可能由企業財務管理單方面來實現，而是需要企業其他方面的共同努力，才能具體實現。

　　財務人員應將財務資訊，轉化為協助企業進行各項投資、籌資，及經營必要的資訊與策略，以達成股東權益最大化的財務目標。事實上，財務管理部門與生產、行銷等部門一樣，可以具有創造利潤的能力。換言之，可以透過適當的財務管理來獲取利潤。從這個角度來看財務管理的主要目標，在於規劃、取得和利用資金，使企業的價值，能達到最大。舉例而言，許多注重財務管理的企業，藉由適當地操作金融商品，及衍生性金融商品，為企業省下鉅額的融資成本及匯兌損失，提升了經營企業所能獲得的報酬率。近年來，隨著國內經濟自由化，及企業經營國際化的趨勢，財務管理對企業經營，重要性也必將隨之提升。

一、資金管理目標

　　一般企業在經營過程中，除了自有資金外，大多須透過各種管道融通營運資金。籌集資金是企業營運的起點，也是決定企業資金營運

規模,和生產經營發展速度的重要環節。企業創建、設立、開展日常生產經營業務,購置設備材料等生產要素,都需要一定數量的資金;擴大生產規模,開發新產品或提高技術,更需要投入資金。所以資金是經營企業的根本,是企業的「血液」。

企業是否能生存發展的前提,主要決定於資金的籌措是否適當,及資金的運用是否有效。一個企業(尤其是新創事業)若能以較其他同業低的成本取得資金,且又能較同業有效地運用這些資金,該企業必定有較佳的競爭力。然而,資金是否能適當取得、靈活調度及有效運用,實有賴於建立一個良好之財務管理制度。為此,如何提升財務管理能力與健全財務體質,乃係企業強化資金融通能力的不二法門。

在微利化的經營時代,企業獲利毛利一直下降,如果融資來的資金成本過高,兩者相抵之後,可能會影響到企業的財務結構。甚至可能有些企業雖然表面上賺錢,但是這些利潤拿來付融資利息,都可能還不夠;更遑論投資失利而慘賠的企業,這樣的經營又有何意義?因此,企業若善加運用各種財務管理理論與技術,就能以較低的資金成本與適度的籌資風險,籌集到企業所需生產資金,提高企業的經濟效益,有效改善財務體質。許多企業無法順利融通資金,常起因於不當的財務管理。

二、正確掌控資金

企業資金的籌集、使用和分配都與財務管理有關。譬如企業的生產、經營、進、銷、調、存每一環節,都需要財務的調控。全球化時代的企業面臨強大的行業競爭壓力,因此大多數的企業主,都想擴大經營的規模,以爭取市場上較佳的競爭條件。

為避免資金取得成本過高,企業主可透過財務管理,正確配置企業營運資金,以免市場臨時因素的影響,造成公司週轉不靈。正確的資金掌控,對於下列三方面尤應重視:

1. 準備金：

　　企業應準備「六個月份的固定管銷費用」作爲準備金，準備金應以定期存款方式寄存。

2. 週轉金：

　　企業應「兩個月份固定管銷費用」作爲週轉金，週轉金可存於公司乙存專戶。

3. 零用金：

　　零用金爲企業當月的零用開支，零用金可交會計保管。此外，若企業主想要擴張營業規模時（例如開連鎖店、分店、增加經銷點、擴廠等），除了要準備新增營業點的開辦費用外，更要準備該新增營業點的準備金、週轉金以及零用金。有了這樣的準備，若企業本身或新增營業點，遭受到市場不利因素的影響，企業仍有充分的營運資金可供週轉。否則，就好像目前很多企業，爲情勢所逼而向地下錢莊融資，最後只有被迫走向倒閉或逃亡的不歸路。

　　財務管理中的成本核算與控制，既包括產品成本，也包括人力成本等。在現代經濟社會中，成本控制必須是全過程的控制，不應僅是控制產品的生產成本，而應控制的是產品生命週期成本的全部內容，實踐證明，只有當產品的生命週期，成本得到有效控制，成本才會顯著降低。

三、達成投資目標

　　企業投資的目的是，透過資金的使用，來提高企業的經濟效益。企業投資包括進行企業發展，所需的內部投資與外部投資。企業必須運用財務管理的專業知識與能力，有效地運用營運資金，以改善企業財務狀況、提高盈利。不論是投資人、債權人還是企業經理人，都重視和關心企業的盈利能力，企業只有努力提高盈利能力，才能提

高經濟效益，實現財務管理的基本目標。

四、避免財務困難

　　財務管理直接關係到企業的生存與發展，可是財務管理的領域，仍存在許多迷失及盲點，其一是一般的企業經營者，非常重視財務資金，但卻並不重視財務管理的工作，這是很弔詭的現象。其二是有些企業將財務管理過於簡化，彷彿財務管理只是財務部門的事，而忽視其整體管理的功能。其三是忽視財務管理自身的規律性，與相對的獨立性，尤其在一般中小企業中，多半僅聘請高中職，或大專相關科系人員擔任會計一職，其主要的工作，多是跑跑銀行、記記內帳等例行性的工作。至於報稅等相關問題，則交由會計師或會計代理人，負責來代理報稅。因此經營者並無法從財務變化中，獲取重要的經營資訊。

　　資金是企業的「血液」，企業資金運動的特點，是循環往復地「流動」。資金活，生產經營就活，一「活」帶百「活」，一「通」就百「通」。如果資金不流動，就會「沉澱」與「流失」，得不到補償增值。正因為這樣，資金管理成為企業財務管理的中心，亦是一種客觀的必然。

　　以青年創業楷模亞力山大創辦人唐雅君女士為例，她的創業失敗，可歸類為三大原因。第一，產品線拓展太廣太快，超出企業管理能力範圍。短短幾年內，發展成為營業店數超過三十家，會員人數超過四十萬，經營範圍橫跨台灣，與中國沿海的大型企業。企業卻不見專業經營人士，進入該公司核心體系。然而經營者卻仍然過度自信，去複製其最初的成功模式。

　　第二，忽略整體環境的改變。自2000 年以來民間消費從 6.0%一路下降到2006 年的1.76%，再加上上百萬的中階份子，前進中國的結果，更使得台灣消費市場雪上加霜，已不若亞力山大創業初期的旺盛，然而，卻因為企業體的迅速擴張，膨脹的數字，掩蓋了事實真

相。

　　第三，財務控管不健全：<u>亞力山大</u>採取會員制的入會方式，入會時就必須預繳數年會費，然而，這些原本屬於公司負債的短期資金，卻被挪用於長期投資，以這種手段擴張事業，就必須不斷的吸收會員、新增會費，才能維繫公司正常營運。一旦會員招收中斷，就會發生危機，而導火線就在經濟情勢的衰退，以及中國市場的割喉戰延燒。

7.2 融資

　　資金是企業的重要生產因素之一，無論是為了正常的生產經營活動或償還欠債，籌資都是企業的主要財務活動之一。本節先透過資金分類來說明資金的本質，進而說明資金成本的關聯性與嚴重性。

7.2-1 資金的本質

一、依時間區分

　　首先就時間分類，企業的資金，可分為長期資金與短期資金兩大類。短期資金的成本較低，也較具彈性；但由於到期日較近，償還本息的壓力較大；相對的，長期資金的成本較高，但其到期日較遠，企業可以從容籌措到，應償還的貸款本息。企業在籌措資金時，應考慮資金成本及債務的償還，是否能延期，並配合資金支出計畫，選擇短期或長期理財方式，避免以短期資金，來支付長期性投資需求，或者以長期的資金，來支付季節性或臨時性需求。

二、依來源區分

其次，就資金的來源分類，企業資金的來源，可分為內部資金與外部資金。內部資金主要包括企業盈餘，及提存的各項準備金，金額的多寡主要取決於企業的經營狀況。至於外部資金則可透過，下列七種籌資管道，來取得營運所需的資金，

（一）票券金融公司

凡依法辦妥公司登記，領有證照，繼續營業達六個月以上，並參加當地同業公會之廠商，可委託往來之國內銀行為保證人，發行商業本票，以籌措短期資金。發行商業本票之總額，依照短期票券交易商管理規則規定，不得超過公司全部資產，減去全部負債及無形資產後之餘額。商業本票發行期限，最長以一年為限，種類有三種，(1)發行交易性商業本票；(2)發行融資性商業本票；(3)以持有之票券貼現。企業可配合銀行的承兌、貼現及進出口押匯等業務，廠商可以用票據方式進貨，售貨廠商以收到之票據，持向銀行貼現，維持其業務週轉，如此進貨、售貨兩方均蒙其利。

（二）銀行融資

商業銀行以融通企業，所需短期資金為主要任務，企業應選擇與營運所在地距離近，管理健全的商業銀行，開立帳戶維持良好債信，以免需要短期資金支應時，卻籌措無門。通常企業在申貸前，銀行會先與其洽談，以進行初步評估，若為可行，銀行會正式要求申貸人填寫申請書並檢具相關資料以供查核。大多數銀行貸款都屬於短期性質，到期期間未超過一年。商業銀行融通企業短期資金的方式，主要的不外下列三種：

1. 抵押借款：

　　由企業提供適當抵押品，與銀行簽訂借款合約，即可獲得所需款項。抵押品可分不動產與動產兩種。動產中的存貨抵押，亦可視為一種營運資金變現的方法，企業如果提不出適當擔保品，作為借款的保款，可向中小企業信用保證基金，請求提供信用保證，以替代不足之擔保品。

2. 信用借款：

　　企業需提供擔保品，憑企業信譽即可向銀行獲得借款。信用借款多屬數額較小期限較短之借款，常限於平日與銀行具有相當往來、企業財務情況為銀行所了解以及信用可靠者，方可借到。

3. 往來透支：

　　銀行對信用卓著的企業，融通短期資金的方式，通常是雙方簽訂一項透支合約，企業的收入，由銀行負責代收，或企業自行收取後存入銀行，企業需要支出時通知銀行代付，每月按時結算後，照銀行存款與放款利息結算利息。此種方式對工商企業而言，為獲得短期營運資金，便利與經濟的方法，惟必須收支大致接近平衡，且信譽良好的企業，銀行方樂於接受此種方法。

（三）興櫃及上櫃

　　興櫃及上櫃是中小企業，取得長期低成本資金的最佳管道，是符合企業追求永續發展的目標。

（四）發行公司債（含可轉換公司債）

　　最新修訂的公司法第二百四十八條規定：私募公司債之發行公司，不以上市／上櫃公開發行股票之公司為限，免除企業發行公司債的門檻，使沒有公開發行能力的中小企業，也能發行公司債籌資。

（五）租賃公司

中小企業除可向金融機構融資外，亦可向租賃公司以「融物」替代「融資」，在長短期資金規劃上，可發揮營運資金管理之功效。

（六）引進創投參與投資

創投參與投資除可引進長期資金，強化財務結構外，尚具提升公司形象、強化經營體質、增加策略聯盟機會等優點。

（七）預收定金與預約金

向訂貨客戶預收定金，除可約束定貨人到時提貨外，尚可獲得部分資金，以供營運週轉。預約金之收取與定金相仿，多見於建築工程公司、書籍出版商等，同樣可獲得所需部分營運資金，以供週轉。

7.2-2　資金成本

資金成本作為一個重要的經濟因素，直接關係到籌資的經濟效益，是企業籌資決策考慮的首要問題。基本上，企業的資金，有多種的來源，不同的來源，又形成不同的資金成本。若能以低風險、低成本籌集的長期資金，則是現代企業具有競爭能力的主要表現。如果有幾個籌資專案，企業必須充分衡量長期借款、短期借款率，企業債券資金成本率，股票資金成本率之間，綜合成本究竟孰低，即是為最佳籌資管道。

資金結構是一個動態指標，企業在不同時期，存在不同的資金結構。而不同的資金結構，其資金成本和風險也是不同的。因而，在某個特定的時期，企業確定最佳資金結構，要充分考慮資金成本與財務風險，這兩個相關的因素。企業財務管理人員在資金籌措時，應考慮以下幾個因素：

1. 時間：

　　籌措資金時，既要保證資金及時到位，又要避免資金的閒置和不必要的浪費，還要充分考慮資金的時間價值。

2. 風險：

　　企業籌資時，既要看重利率，也要考慮匯率，充分考慮不同資金市場的差別；尤其在利用國外貸款時，要注意外幣風險變動給企業帶來的風險。正確運用籌資組合理論，分散、轉移籌資風險。

3. 合理：

　　在選擇籌資方式時，除了要儘量降低資金總成本外，對於長期資金的需要，不宜採用短期借款籌資方式，同時更須符合企業，資金預算的需要，並儘量降低企業資金總成本。

4. 功能：

　　企業籌措到的資金，應最大限度地為企業服務，提高企業的籌資效益。

5. 發展：

　　資金成本最低和企業價值最大化相結合，一般來說，對企業的發展助益最大。但應注意的是，企業資金結構中，如果絕大部分由長期負債構成時，雖然資金總成本較低，則仍有損於企業價值，也是不可取的。

6. 目的：

　　企業籌資目的是為了增加企業的資金，企業的資金運用充分體現了企業經營過程和結果的統一，最終實現企業最大利潤。在這一過程中，資金成本是重要的考慮因素，起決定性的作用。

7.3 營運資金管理

　　爲什麼要有營運資金這個項目？因爲它是企業日常營運中，爲支援公司訂購原料、半成品，所需的週轉現金。營運資金可分現金及有價證券，可再細分爲固定營運資金及變動營運資金。前者指的是經常營運，所需最低數額的資金；後者則指適應臨時特殊需要，額外增加的資金。企業應根據其所制定的政策性指導方針，來管理其流動資產與流動負債，這就稱爲營運資金管理（working capital management）。每個企業都應有營運資金的政策，這些政策涵蓋現金、有價證券、應收帳款以及存貨等，個別流動資產的目標水準，以及企業應該採用什麼方式，來取得這些個別流動資產所需的資金。根據統計，企業營運的危機，大多是由於現金流管理不合理而引起的。面對日益激烈的市場競爭，企業面臨的生存環境，更加複雜多變，透過提升企業現金流的管理，可以合理控制運營風險，提升企業資金的利用效率，進而不斷加快企業的發展。

　　依國際公認內部控制設計及評估標準（COSO報告），組織在設計內部控制制度時，應考慮符合組織經營策略，以避免組織經營資源浪費。內部控制設計應注意：(1)控制環境：塑造組織文化、影響員工意識之綜合因素。(2)風險評估：目標不能達成的內、外在因素，(3)並評估其影響程度及可能性之過程。(4)控制活動：依風險評估之結果設計確保管理階層之指令。(5)已被執行的政策及程序。(6)資訊與溝通：資訊系統辨認、衡量、處理及報導之對象，(7)把資訊告知相關人員，包括公司內外部溝通。(8)監督：監督係評估內部控制品質之過程。以下就內部控制設計的精神，運用到營運資金管理等各重要的面向，進行梗概性的分析。

一、決定營運資金數額

　　每個企業營運資金的數額是不同的，甚至不同的季節差異也很大。不過在決定營運資金數額，應充分考慮下列各項因素：（一）事業本身特性；（二）產品製造過程。（三）產品銷售方式。（四）原料供應情況。（五）採購原料方式。（六）存貨週轉情形。（七）其他特殊因素。

二、決定保持現金數額

　　「現金」是維繫企業生命的泉源，一旦現金匱乏，對公司營運、投資、或利息支出，都必須停擺。因此，企業需要保有一定的現金，但是現金數額的多寡，應考慮各項不同的因素，（一）近期必須履行的付款義務，包括：支付薪資及各項費用，償還債務，繳納稅捐以及分配股息和紅利等。（二）備付已定用途的未來需要。（三）準備應付意外的現金變動。（四）往來銀行約定的最低存額。

三、現金管理

　　現金管理是有一定程序的，缺乏現金管理的企業，必然會出現危機。現金管理應注意：（一）加速及控制現金的收入。（二）集中辦理現金的支付。（三）將銀行存款集中於一家銀行，或少數幾家銀行，可避免資金分散，增加管理困擾。（四）向往來銀行訂借活存透支額度。

四、現金的內部控制

　　企業缺乏現金可能比缺少利潤，更容易造成企業的倒閉。企業雖然可以從銷售活動中，取得現金來支付，所有產銷相關的費用。但由於每日的現金收入與支出，並非完全相同，若每日之收入大於支出，尚不會發生問題，但如果支出大於收入，則必須有足夠的現金存量，

去支應其間的差額。為有效對現金進行內部控管,以防弊端出現,在管理時應注意:

(1) 明確規定現金出納人員之職掌,其他人員不得經管現金。

(2) 經管現金出納事務的員額,應予限制。

(3) 經管現金出納事務的人員,應一律取具妥實保證。

(4) 應用銀行存款、金庫、保險櫃,及加鎖的現金容器,以確保現金保管之安全。

(5) 充分利用銀行機構存款,將庫存現金數額減至最低限度。

(6) 現金出納人員與會計人員職掌,應明確的區分。

(7) 應由內部審核人員,對庫存的現金,作不定期之檢查,並核對帳目。

(8) 所有現金收入應立即點算,立即入帳。

(9) 每日所收的現金,應全數送存銀行。

(10) 非根據合法的付款憑證,不得簽發銀行支票。

(11) 銀行存款的印鑑,應由各單位主管、會計及出納人員會同辦理。

(12) 大額款項的支付,應一律使用銀行支票。

(13) 小額款項的支付,可採定額預付零用金制度。附屬機構之經常費用,亦得採用定額預付週轉金制度。

(14) 原料及物料的採購、驗收、儲存等,均不得由經管現金的出納或會計人員兼辦。

五、出納人員責任

出納人員對銀行的存款,所負的責任如下:

1. 存款:

　　所有收入的款項,應負責監督存入銀行帳戶。存入時,應取得送金單回條存案備查。活期存款存摺及定期存單,應妥慎的

保管。

2. 維持適當存額：

銀行的帳戶，應維持足夠的結餘金額，以應付業務需要，按日編製現金日報，列明每一銀行帳戶的存提及結餘情形，必要時，應報請出售有價證券或安排借款，以補足銀行存款，或將現有各銀行帳戶間的結餘，作適當的調度。

3. 提款：

所有直接向銀行提款及簽發銀行支票，均應根據合法的憑證辦理，並與其他有關的人員，會同加蓋預留印鑑。

7.4 財務分析與危機避免

7.4-1 財務報表

財務報表是透過「會計」的方法，將企業各項經濟活動，加以記錄、整理、彙總之後的結果。目前企業所編製並對外公開，主要的財務報表有三種：第一種是「資產負債表」、第二種是「損益表」、第三種是「現金流量表」。

1. 資產負債表：

是指在一特定期間，有關資金、存貨、設備，甚至負債的存量狀況。簡單的說，就是企業從開業到現在，所創造的資產價值，及股東權益的價值。這可用來檢視企業投資理財的決策，在特定日期的財務狀況，以及判斷企業體質是否健全。

2. 損益表：

它是表達企業在特定期間之內，經營成果及獲利情形的動

態報表（收入－成本=銷貨毛利－營業管銷費用=營業利益－營業外支出=營業淨利）。當收入大於成本、費用，我們稱爲「淨利」或「純益」；成本、費用大於收入，則稱爲「淨損」或「純損」。簡單的說，就是企業這個月賺多少錢，今年賺多少錢。

3. 現金流量表：

　　是將一定期間內，顯示企業的營業方面、理財方面、投資方面之現金收入與支出之現金流量的總計數。簡單的說，就是公司的現金流進、流出後的現金餘額，究竟是正數還是負數？這會反映出資金的變化及去向。

7.4-2　財務分析

　　財務分析在企業決策裡，扮演關鍵性的角色。若能善用，則能避免財務危機的發生。以下就財務分析的意義、目的，以及財務常出錯的因素進行分析。

一、財務分析的意義

　　財務分析又稱爲財務報表分析，財務報表是報導企業，在某一特定時點，與某一時段時間內的財務狀況。若能運用各種分析工具與技術，對於財務報表及資料，進行分析與解釋，則可了解企業目前的經營狀況與財務狀況，企業經營者亦能依分析結果，得出對於決策有意義，而且有用的資訊，以支援企業決策，或做爲決策過程之參考。而投資者亦能依分析的結果，預測公司未來的營運狀況與財務狀況，可能發生何種的變化，公司的未來盈餘與股利，以及此兩者的穩定性有多大。

二、財務分析目的

　　以往傳出財務惡化、跳票現象的股票上市公司，可謂層出不窮，譬如：安峰鋼鐵、萬有紙業、聯蓬食品、雙葉冰淇淋、國融企業、東隆五金、瑞聯集團、擎碧建設、羅莎食品、羅傑建設、洪氏英等企業。其實這些不幸的事件，可以透過財務報表的警訊，而加以避免。事實上，財務分析的主要目的，就是在掌握公司的營運狀況及成果，作為預測及規劃的依據。企業若具備分析財務報表的人員，就能從中發掘企業的潛在問題，及管理決策是否適當，如此則能充分發揮財務報表，在企業管理上的功能。更進一步而論，對於經營者本身而言，進行財務分析可藉由財務報表，測定企業的經營效率（企業診斷），進而運籌帷幄、調配資源、制定未來營運決策（財務規劃）的策略，並協助管理者，藉由財務報表調整營運、評估效益、強化管理（經營分析）。當然財務分析使用者不同，就會出現不同的目的。譬如：就債權人而言（如：放款的金融機構，及購買公司債之投資人），作財務分析的目的，就是用以測定公司的償債能力（信用分析）。就投資人而論，投資人作財務分析的目的，是以測定投資價值為目的，也就是重視企業的獲利能力，及每年所能分得的股利（投資分析）。

三、財務出錯的因素分析

（一）企圖不良

　　部分企業製作財務報表時，心態上，只是為了應付稅捐機關的調查，或銀行借貸的要求。因而一家企業可能同時擁有內帳、外帳、真帳、假帳、公司帳、銀行帳及稅務帳；可是卻沒有任何一項紀錄，能夠真實表達企業的財務狀況。多年前葉素菲的博達案，呂學仁的訊碟案，以及李皇葵的皇統光碟假帳案，在人心缺德，貪愛錢財的不良企

圖下，造成「一手遮天」的好機會。

（二）過度仰賴金融機構

企業自有的資金不足，導致過度仰賴金融機構，因此每當經濟環境遽變時，就易因下列因素造成融通資金不足，頓時陷入經營危機。這些因素是：1.受經濟景氣影響，營業額減少，金融機構授信緊縮。2.企業未能提供足夠的擔保品，或擔保品價值滑落，金融機構授信緊縮。3.金融機構逾放比率提高，放款審核趨於保守。

（三）分析能力不足

經營者不具財務管理的素養，甚至企業也沒有僱用專業的會計人員，僅在需要時，才臨時請外人製作，合乎規定要求的帳簿及會計紀錄。也因此，企業經營者及財務管理人員，很難從中獲得預警、分析潛在問題、得知決策的成果，以及掌握企業整體真實狀況。

（四）景氣判斷錯誤

許多企業經營者對企業資金的運用，常要求能有絕對的支配權力，加上經營者對未來之營業收入的預測，常常過份樂觀，因而任意將企業的資金挪作他用。一旦企業之收入未如預期，則企業可能爆發財務危機。

（五）成本計算不夠精確

許多企業由於其會計紀錄與產銷成本、業務收支間之關係，完全脫節，故無法由財務報表，得知產品的實際成本。因此，產品售價的訂定，只好利用概略估計的方式求得。所以企業在與同業競爭時，容易發生盲從訂價，或盲目削價求售等情形，甚至發生產品的售價，低於產品直接成本的現象。

（六）應收帳款未能回收

應收帳款未能回收，正常流轉運作之週轉資金，必然感受不足以因應之壓力。這反應需增加週轉資金，需求增加愈多，舉借額度愈大，且資金負擔之利息成本隨之增加，不但連帶影響經營獲利能力，更將增加資本結構之負債比率。同時先前為增加產品銷售量，所作的各項努力，都將失去任何意義。帳款回收速度愈慢，將增加企業營運週轉金支應，且收帳時間拉長後，不確定因素隨之增加，財務風險發生的機率將益形增加。這種情形常出現在拓銷上，遇到客戶拖延付款，或碰上賴帳不還的「地雷型」客戶，甚至無預警的遇到客戶惡性倒閉。

（七）資金配置不當

財務是環境下的產物，它需要在動態中求平衡，如何控製成本實現利潤最大化，是企業財務管理的重要目標。但是部分企業高度利用財務槓桿操作，希望利用借貸資金進行投資，以獲得高於資金成本的報酬率，不過過度的財務槓桿，卻有潛在的危機。有可能因此判斷錯誤，投資報酬率沒有預期的高，甚至是負的時候，再加上需要負擔的借貸利息，就變成「反財務槓桿操作」，反而賠得很慘。

（八）企業擴充過速

企業在傳統市場中力求生存之際，除了產品和服務的交易之外，也必須注意以往，常遭忽略的市場變動性。國內企業常因為市場的暫時性熱絡，並未審慎評估將來的市場情況，及本身資金是否充足，便盲目擴充產銷規模，大肆擴充固定設備。一旦未來市場情況不如預期，則將發生新添購的設備閒置、收入不足支付貸款利息，或貸款到期，卻無法償還等情形，企業便陷入了經營困境。

(九) 存貨囤積過量

存貨（inventory）是指廠商貯存備用的任何財物，如：供銷售用的製成品、正在生產加工的貨物、原材料，和其他生產過程中的易耗物品等。製造業的存貨類別較多，諸如：製成品、半成品、副產品、原料、物料、零配件、油脂等皆是，較爲重要的則是轉製成品的原料，及待售的製成品。存貨不足將導致產品出貨中斷，進而造成銷售失敗的損失；但存貨儲備過多或銷售業績萎縮，經營上自會感受到，存貨變現的速度減緩，因此積壓過多的資金。此外，久存變質，貨品過時報廢等額外成本支出等，都不利企業生存與發展。

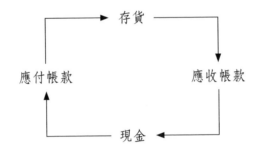

7.5 台商財務管理

從1949年至1978年的30年間，由於台海地區的激烈軍事衝突和緊張的軍事對峙，兩岸經貿往來基本中斷，只有大陸的中藥材等少數幾種台灣不可替代或無法生產的必需品經香港轉口到台灣，且數量甚微。自1979年以後，中國政府採取一系列推動兩岸經濟關係發展的措施，我國也調整對大陸經貿政策，逐步放寬對兩岸經貿往來的限制。目前台灣許多產業，基於成本的考量，已在大陸設廠生產，兩岸經濟關係已基本形成，以間接貿易和台商投資大陸爲主體的模式。目

前在兩岸經貿方面，大陸爲我第一大出口市場，也是我最大的順差來源。因此，兩岸經貿的發展，與台商所扮演的角色，皆有重大關連性。如何強化台商財務管理的能力，是現階段政府應加強輔助的。

目前台商調度所需資金的方式，主要有下列三種方式：

一、我國銀行

在融資的部分，台商向國內銀行申請貸款時，銀行徵信評估僅能根據其在台母公司財務情況，及提供的擔保品核貸，因此徵信評估易出漏洞。一旦授信後，則因地遠無法經常追蹤，故資產品質難以管理；且對於廠商的實際需求不易掌握，亦可能使商機流失。

在資金調度的部分，台商可在第三國設立境外子公司（offshore company），幾乎所有這些境外公司的作業，都是在台灣進行，因此亦稱「紙上公司」（paper company）。廠商透過境外公司與國際金融業務分行（offshore banking units，OBU）合作，資金則可進出自由，藉此運籌帷幄、調配資產。也因兩岸特殊的政治關係，我國銀行對於台商融資，自2010年第一銀行在上海成立分行，2012年9月玉山銀行在東莞成立台資銀行，2014年永豐金控在南京成立子行，國泰世華也將進駐上海自由貿易區，台商將可獲得較便利的融資服務。

二、中資銀行

在大陸台商財務及融資方面，台商所面臨的困難有：融資不易、營運資金週轉困難、稅賦負擔重等。多數台商在大陸不容易借到錢，是一項客觀存在的事實。融資不易之原因包括：大陸銀行對於外資企業貸款的額度有限，再加上台商的財務報表，不符合貸款的條件，在中國無法提供保證人，復又缺乏房產或有價證券，作爲擔保品等，在設廠初期，很難有獲利的情況下，向中國銀行融資週轉自然極爲困難。特別是在中國近幾年「錢荒」的情況下，銀行爲降低風險，採取提高押金比率，或要求企業提高擔保品數額，因此一些中小型的

台商幾乎求貸無門。

　　雖然2009年大陸單方面宣佈，將在三年內提供1,300億人民幣融資，但成效不彰。

三、資本市場掛牌

　　大陸的A股市場已向台資企業開放，不過能掛牌者少，因此仍有大半台商營運所需資金來源是，由台灣母公司挹注，或是與在大陸台商相互拆借，不然就是以高利率，向其他非金融體系融資，營運資金週轉並不輕鬆。

腦力大考驗

一、財務管理與企業管理的重要組成部分，彼此之間的關係是什麼？

二、財務管理對企業經營的重要性？

三、企業資金對企業營運極為重要，請就企業資金的來源加以說明？

四、企業在決定營運資金數額，應充分考慮哪些因素？

五、對現金進行內部控管，以防弊端出現，在管理時應注意哪些項目？

六、企業常出現財務問題，是否可歸納出這些問題的根源，以避免企業犯錯的可能？

策略管理

　　法藍瓷創辦人說：「法藍瓷唯一的策略，就是『贏』！」如何才能贏呢？除了從設計、製造、生產、到銷售，全都嚴格要求外，在產品定位上的策略是，「有功能的藝術品」，也就是雖然是藝術品，但它可以真正的使用，而不只是用來觀賞、擺設。在產品特色上，強調產品要做到讓顧客感動，並在第一時間抓住消費者的目光及好奇心，以真實觸動他們的心靈。同時，價格策略上，堅持「一流品質，競爭品牌的三分之一售價」，讓每一個客戶都對法藍瓷留下，「物超所值」的品牌印象。在全球化布局的策略，採取的是「台灣研發、大陸生產、全球行銷」，研發設計及行銷部門設在台北，約有200人，生產製造在台灣及中國大陸，產品行銷於全球。由於策略正確，法藍瓷在短短幾年內，在美國就有了2,500個銷售點，歐洲約為1,000個銷售點，大洋洲500個銷售點，大中華地區約20個專櫃。

8.1 策略概論

8.1-1 策略管理的意義

　　長期來看，策略是很重要的，因為從經驗法則的歸納，不切實際的策略，只會把企業帶入被淘汰的行列。策略與戰略原本在英文上，都是同一個字：strategy，事實上它是來自於軍事用語，表達贏得戰爭的手段。後來引伸到專為某項行動，或某種目標所擬定的行動方式，所以策略管理係針對，未來發展的管理性活動，因此離開不了「目標」、「計畫」和「行動」等要素。而策略的本質是動態過程、群組互動、創新思考、價值、意志及優勢能力的應用。因此吾人可以將策略定義為：「企業為實現其經營目標，考量內部的能力，與外在環境機會及風險，所做出的方向性決策。」

　　企業策略管理的觀念，可追溯至著名的策略理論家安索夫（H. I. Ansoff），於1950年代所發展出「長期規劃」的管理制度，強調「預期成長」和「複雜化的管理」，並假設過去的情勢，會延伸到未來，其後又提出「策略規劃」，形成了策略管理的重要基礎，以更具彈性和前瞻性的策略，因應多變的環境。因此，就策略管理的本質而言，策略管理是一種策略計畫，屬於未來導向的計畫性活動；就策略管理的運作而言，策略管理是策略執行和評鑑，屬於一系列的分析、執行和評鑑策略的活動；就策略管理的功能而言，策略管理是策略的運用績效，在於讓組織營造良好的經營環境和營運系統，使組織成員全心投入，善用組織各項資源，以因應變革，創造競爭優勢，實現策略目標。

　　策略管理（strategic management）係指組織運用適當的分析方法，確定組織目標和任務，形成發展策略，並執行其策略和進行結

果評估，以達成組織目標的整個過程。當今企業所面對的是競爭激烈之經濟環境，企業必須為其未來制定一套策略，這套策略不僅要結合外界機會與本身條件，而且要指導企業內部資源，分配及各種管理行動。策略管理是整合各項企業功能知識之課程，內容包括：如何尋求顧客的價值主張，如何選擇企業的策略，如何落實企業的競爭優勢，如何持續競爭優勢。

 ## 8.1-2 策略管理的程序與經營

「策略」是企業領導人，最重要的決策。

一、策略管理的程序

基本上，一套完整的策略管理程序，可以歸納如下：

1. **界定組織目標：**

    例如台塑的使命或目標是什麼？任何組織必須先確定其組織的目標和使命，作為未來努力方向，此為策略管理的第一步；

2. **進行組織與環境（SWOT）分析：**

    就組織的外在環境，分析其機會和威脅，其次就組織的內在環境，分析其優勢和劣勢，作為擬定計畫和執行策略的依據，此為策略管理重要利器；

3. **形成策略：**

    根據SWOT分析結果，建構各種執行策略，此為策略管理重要骨幹；

4. **執行策略：**

    根據所形成的策略，交給相關單位和人員執行，此為策略管理的實際運作；

5. 成效評估：

就計畫目標與執行情形進行通盤性的檢討，以了解其得失，作爲未來修正目標或改進計畫的參考。

二、策略管理的經營層次

策略就經營的角度而言，可以分爲三個層次：

1. 總體經營策略（corporate strategy）；
2. 事業策略（business strategy）；
3. 功能別策略（functional strategy）。

在21世紀的今天，策略更著重於爲應付競爭對手，與環境變遷所帶來的挑戰，而擬定的長期性計畫。所以策略不是爲策略而策略，它是有目標、有方向的。一家公司只要能夠認清客源，和他們的潛在需要，並擬定正確的策略，就能在競爭中屹立不倒。企業的興衰與策略正確與否息息相關，在詭譎多變的經營環境中，掌握正確的策略，企業才能創造持久的競爭優勢，永續經營。也許有人認爲策略是，老闆的事！其實在職場中的每個人，都應該對公司的策略有所認識。中階主管應明白公司策略，形成的背景和邏輯，才能在執行上更有效率；員工應了解公司的策略，才能配合公司未來發展策略，作自己的生涯規劃。

8.2 策略規劃的過程

8.2-1 什麼是策略規劃

　　有的企業從策略面著手，擬定具有差異化，可讓企業出奇制勝的競爭優勢策略；有的企業則不斷地改善營運管理，讓本身在成本競爭上能持續保持優勢。更有的企業，直接從價值創造的主題著手，找出會影響價值創造的關鍵因素或層面，並加以管理達到目標。但值此不景氣的年代，企業如何才能擬定出明確的策略？亨利‧明茲柏格（Henry Mintzberg）在《策略巡禮》一書中，稱策略規劃是「搞得震天價響，成本其實很高的失敗遊戲」。對「策略規劃」批評是：「策略之於組織，就像眼罩之於馬匹，可以讓它保持直線前進，但是很難激發出其他周邊的視野。」事實上，這是不了解策略的形成，是一項深思熟慮的規劃過程。

一、策略

　　策略規劃決定組織奮鬥發展的方向，它能使組織全體朝共同的方向前進。在「適者生存」與「不適者淘汰」的前提下，任何企業若是缺少策略規劃，就會像是一艘沒有舵的船，只能在原地打轉，或可能漂向其他錯誤的方向，所以策略規劃是組織生存的重心所在。幾乎每個組織都需要求生存、求發展。可是怎麼生存？怎麼發展呢？這就需要領導人為組織進行提出策略，所以策略規劃通俗的說法，就是「拿出辦法來！」可是為什麼提出某一種「辦法」，而不是另一種「辦法」？除非領導者極具領導魅力，否則這個所謂的「辦法」，若僅僅出自領導者之口，並不會讓組織內所有同仁立即產生認同，它必須經

過一連串有計畫的過程，使策略成爲組織共識，才能上下一心，有步驟、有方法的使組織前進。這個過程需要由上而下、再由下而上，不斷反復交叉闡述與辯證，方能讓所有同仁，了解策略的精義與內涵，從而對策略產生認同，對內成爲自我價值觀，對外形成行動準則，也因此，策略規劃一定要經過審愼的分析階段。

二、規劃

　　規劃（planning）是指針對未來的目標，發展出一系列可執行的方案，並提供一個合理估計資源、成本、時程的架構（framework）。在實踐上，規劃依其性質可以做多重的分類：

1.　照範圍區分：

　　　　規劃若照範圍來區分，有總體性的策略規劃，也有屬於作業層次的規劃等兩大類。總體性的策略規劃，計畫期間較長，涵蓋面向較廣，它包括整體目標的建立、使命、定位、競爭領域、總預算等，這些通常是由高層主管負責。至於作業層次的規劃，則是中階主管對於日常營運活動，所發展出來的執行計畫。

2.　依時間區分：

　　　　規劃若依時間區分，五年以上可稱爲長程規劃（long-range planning）；一年以上五年以下，可稱爲中程規劃（intermediate-range planning）；一年以下就屬於短程規劃（short-range planning）。

3.　照特定性區分：

　　　　規劃若照特定性區分，可進一步區分爲特定性規劃（special planning）與方向性規劃（directional planning）。特定性規劃強調目標的明確性，不會有模糊不清或令人誤解的情形。方向性規劃主要是訂立大方向的指導原則和方針，卻不鎖定特定目標或行

動方案，這是為了讓領導者有彈性的空間，可以應付環境變化的不確定與突發狀況。

8.2-2　策略規劃的變數考量

從以上策略規劃的說明，可以知道策略規劃應考量的變數有：組織宗旨、長期目標、整合計畫、策略分析、策略擬定及其他子計畫與執行等。這些變數有如人體一般，雖然有時身體的部分器官，如心臟及肺臟需要較多的關注。但是若因而忽略其他器官保養，不僅會造成全身傷害，還可能導向致命危機。

一、建立組織目標

一個企業並不是由企業的名稱、各項規定及公司章程，所定義出來的，而是由企業使命所定義出來的。透過確定的企業使命，才能建構企業究竟是要「魚」？還是要「熊掌」？如此才能為企業規劃長遠不變的目標。由此可知的目標，就提供了企業努力的方向與奮鬥的使命，也是各種組織活動的依據。不同組織或不同的政府與企業單位，都有其特殊的目標，不過目標應該愈明確、合理，且具有挑戰性，才能集中意志與力量，合眾力以完成。反之，迫於情勢的臨時選擇，通常結果都是最壞的。

二、分析診斷

策略規劃就好像老鷹（策略）在抓兔子（企業目標），老鷹必須飛得高，才能俯瞰整片區域，掌握獵物的所在。但同時又必須飛得低，以便看得更仔細，清楚獵物移動的情形與特色。如果想在許多複雜，又不確定未來的情況下，擬出正確的策略，外部機會與威脅的認識和掌握，是絕對不可或缺的。對企業優勢與劣勢的分析診斷，則應包括生產要素、市場層面（市場需求與顧客關係）、技術或研發（創

新、研發技術、製成技術）、產業結構組成（上下游廠商的關係、相關支援廠商的配合）、基礎建設（研發機構、科學園區）、行銷方式、通路、法令（租稅優惠、土地開放等配套）、相關扶植政策（興建科學園區、研發計畫、創業投資）、企業定位（企業採行的主要策略，例如：水平或垂直整合、水平或垂直分工、多角化、策略聯盟）、產品標準的制訂、企業營運管理能力、其他。

若將上述主要的內容，加以適當的分類，可歸納為：

1. 顧客需求與滿意度：

顧客（或案主）的需求為何（包括需求的成因、內容與數量）？企業所提供的服務，究竟達到何種滿意的狀況，滿意度是否在競爭者之上？企業形象為何，是正面或負面，正負的強度？行銷計畫與實際執行的成效如何？

2. 方案評估：

以往企業在執行方案時，績效究竟為何？這是策略擬定時，所必須評估的。方案評估的主要內容應包括：目標達成的速度與紀律，消費者服務的品質，成本效益的評估。

3. 高階管理：

(1) 高階管理對企業使命的掌握與投入，可表示企業的戰力強度。

(2) 企業是否發展主要對外關係，代表企業實力的厚度。

(3) 企業的中長程發展計畫，則說明未來企業發展的高度。

4. 財務系統：

評估企業財務系統時，企業的收入與運用，會計系統與財務計畫（含報表），都是了解的重點所在。

5. 員工士氣：

員工士氣屬於無形戰力的一部分，尤其在面對高工作負

荷,與壓力時的表現。衡量時可從員工的離職率,以及分工合作的角度加以分析。

6. **權責架構**:

權責是否相當,是否出現有權無責或有責無權的現象,這可從組織章程、董事會、組織架構、工作職掌、例行會議等查出。

7. **人事與薪資福利**:

人員的任免、升遷、考評、薪資、福利、休假、教育訓練等,都攸關企業的士氣,以及企業的長遠發展。

8. **技術能力**:

企業能否主宰市場,基本上靠的就是技術的優勢利基,這一方面包括專業服務、行政管理、建立團隊、行銷創新的知識或技術等。

9. **資訊管理**:

資訊管理對企業決策具有一定程度的重要性,所以企業的資訊科技與網路運用、資料庫(人事、捐款、案主資料等)、報表與檔案管理,都是組織診斷不可放過的重點。

三、趨勢分析

要掌握市場的趨勢,就要對環境進行掃瞄與分析。

1. **顧客趨勢**:

消費者所需的服務需求項目,是否得到滿足?哪些地方仍不滿足,可以就地區、性別、年齡、習慣、數量、潛在客源等變項,加以精心區隔。

2. **專業趨勢**:

市場專業服務領域的動態變化,以及未來發展方向。

3. 競合趨勢：

　　現有競爭者或合作者動態，潛在新對手或合作對象。

4. 政治趨勢：

　　政治具有「價值權威性分配的能力」，因此政府的政策方向、政府相關預算、政黨動向、地方政府動態等，都應納入策略的考量。

5. 經濟趨勢：

　　經濟趨勢最重要的就是，消費者的購買力，消費者的購買力又和整體經濟景氣密不可分。景氣佳，企業獲利容易；反之，景氣惡化，企業的策略重要性就更加凸顯。

6. 社會趨勢：

　　企業生存的大環境就是社會，因此社會變遷、人口變遷、次文化、重大相關社會事件、社會貧富差距等，都應納入思考。

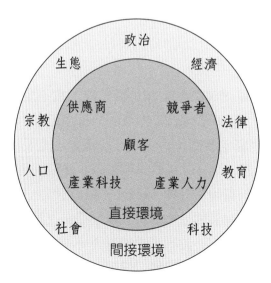

圖8-1　衡量企業的機會與威脅圖

7. 法規趨勢：

法律的變化，將嚴重影響企業的生存與發展，如果策略規
劃的過程，未將與本企業相關的法規趨勢總和考量，則有滅頂覆
舟的可能。

8. 科技趨勢：

科技攸關生產力的變化，如網際網路對企業生產力的影響
等。

四、確定規劃前提

企業規劃的前提，即是對環境先有基本的假設，一般而言，可分
為外在前提與內在前提。「外在前提」是指外在大環境變動的趨勢，
例如：兩岸關係的安定程度、政府產業政策、產品技術的發展、資本
（利率、匯率）市場情況等。「內在前提」是指組織本身的條件，常
見的有企業的科技能力、智慧財產權保護的能力、資金多寡。這些在
規劃進行之前，都應做適當預測，找出有利可圖的機會，並以此作為
最適當的目標和最佳的行動的方案。

五、提出各種策略方案

策略領導不是領導者已裝滿錦囊妙計，也不是其他組織各種成
功策略的大集合，而是經過深思熟慮的分析性思考。策略領導的基本
原則，就是需要擬定策略，善用外部的機會，避免或降低外部威脅
的衝擊。因此，為了要成功去找出、監督、評估外部機會與威脅，就
必須對各種資訊的蒐集、分析、研究，進行組織上下溝通，並提出最
後的總結。不過要強調的是：只有一種選擇的決策方案，肯定不是最
好的，因為它是唯一，並沒有可比較利弊得失的空間。因此組織目標
建立之後，就必須進而針對目標，提出各種可能達成策略的方案。以
達成目標為中心，認真研究，權衡利弊得失，並從多面向提出策略方

案。在提案時，應該經過基本議題、分析外在環境及內在環境，分派
完成策略任務等步驟。

六、評估策略方案

　　策略基本上是一個資源分配的問題，策略要成功，必須將較佳的
資源，配置於決定性的步驟上。因此在評估策略方案時，應衡量比較
哪一種成功機率最大，並進行機會成本的比較。

七、選擇最適方案

　　既然每一個單位都需要策略，那麼最後選擇策略的人，就非常的
重要。這些決定方案者，在不同職場有不同的頭銜，即使在企業中也
有不同的名稱，如：執行長、總裁、所有人、董事長、執行主管、創
業家……等。這些領導人在選擇最適方案時，為了使規劃的資訊更完
整，考慮的面向更周全，這項攸關組織未來的工作，應該建立一個有
效的溝通模式，由多人共同參與，以提高規劃的效率與品質。

八、完成衍生計畫

　　由於策略決策影響深遠，故思考層面應更廣博，才能更周全。事
實上，內外因素極其複雜，特別是當規劃涉及系統整合問題，而部門
與部門之間又是互為影響。當總策略擬定後，就需要各部門的配合展
開，因此會衍生眾多的子計畫。因此在規劃的階段，領導人應協調各
部門由上而下成立專案小組，專案小組在獲得各部門的全力支援與配
合後，須完成衍生計畫並予以充分授權。

九、資源分配或編制預算

　　為實踐或推動策略，必須要進行資源的分配與調度，這裡所指的
資源包含人與經費。然而，就現今的總體環境來看，無論是市場的開
發、產品研究、人才資源……等都並不充分，因此如何定出最完善、

最合適的方案，先天上就有其困難度。尤其是預算的決定，要在各部門之間的折衝，以及可能遭遇體制內利益團體的抵制等議題，所以絕非如單純的數學加減這麼容易。因此，企業中的資源分配與編制預算，既是門學問更是門藝術。但為求進行的順利，最好有規定或法律明定原則。

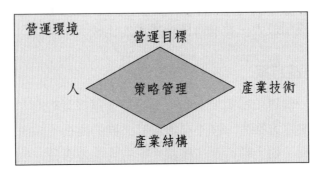

圖8-2　策略管理面向

企業一般的管理方式，可分理性規劃（rational planning），及漸進式（incrementalism）等兩種方式。理性規劃由於太強調計畫性的規劃行為，及目標的設定；因此，在面臨需快速反應的產業環境，及不可預期的發展時，企業往往會無法因應調整而失去彈性。而漸進式的管理手法，雖然有著可隨時因應環境變化，而彈性調整的優點，但若組織未對以後的發展事先研討訂定，則有可能導致整個組織，因無方向感而陷入徘徊、徬徨的地步。企業必須認清策略規劃，是手段而非目的，這個目的就是追尋美好的未來。因此企業要有什麼樣的未來，就要有什麼樣的規劃，雖然正確的規劃，不一定能保證成功，但沒有正確的策略規劃是一定難以成功的。因為這涉及策略的正確與否，與組織執行力的強弱。

8.3 策略規劃常用工具

　　過去舊的策略管理，是以學習爲策略形成的依循，即是依循「失敗爲成功之母」的準則。在經營企業過程裡，企業從歷次的經驗中，掌握失敗的教訓，以作爲下一次擬定策略的參考。新一代的策略規劃則是以遺忘（unlearn）爲原則，過去的成功不能變成現在的限制；換句話說，「過去的成功，有可能成爲未來失敗之母」。因此，策略的制定，不應只是單由過去靜態的數字爲依據。所以在動態的競爭環境裡，策略的擬定，應時時注意到環境的變化，進而擬定掌握環境變化的策略。以下介紹策略規劃（strategic planning）常用的工具，作爲欲了解策略管理的基本認識。

一、「強弱威機」分析（SWOT analysis）

　　「強弱威機」是一個很有效率的工具，它的結構雖然簡單，但是可以用來處理非常複雜的事務。「強弱威機」分析指的S是優勢

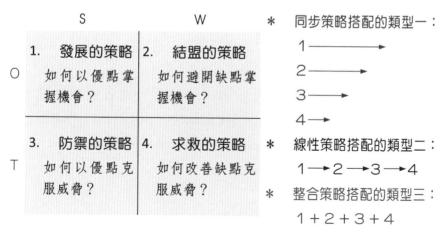

圖8-3　策略的形成

（strengths），W是弱勢（weaknesses），O是機會點（opportuni-
ties），T是威脅（threats），所以也稱SWOT分析。OT簡化成一句
話就是——「到底外在環境給企業的是機會還是威脅？」，到底去非
洲賣鞋子，看到大家都不穿鞋子是機會還是威脅？這是外在環境。
SW指的是企業的內在條件有沒有足夠的優勢來掌握外在環境所帶來
的機會？企業的弱勢，會不會抵銷外在環境，帶給我們的機會？企業
的弱勢，會不會跟外在所帶來的威脅，產生火上加油的惡化效果？

　　一般而言，企業在制訂營運策略時，通常要把自己與競爭者比
較，進而找出企業內部的優缺點；透過知己知彼的分析，才能擁有安
內攘外的能量。應用此套方法進行分析，將可以在面臨改變時，獲得
啓發並且找出解決的方案，因此是策略擬訂的一個重要步驟。由企業
競爭的角度來看，所謂的優勢與劣勢，即是企業與其競爭者或是潛在
競爭者（以某一技術、產品或是服務論），比較的結果，企業本身的
優勢，就是競爭對手的劣勢，而競爭對手的優勢，就是本身的劣勢，
因此優劣勢互爲表裡。

　　逐一比對企業本身與競爭者（及潛在競爭者）的每一項因素，如
企業經營中的五管（生產、銷售、人力、研發，財務），甚至商業模
式（屬於經營決策部分），內部行政管理、企業外部投資行爲、技術
取得的模式，與智慧財產權等法務議題等。其中上述任何一項議題，
均可根據所需，討論進一步的面向。

　　機會與威脅，是指對外在環境的分析，兩者互爲表裡，其
重點應置於PESTLE分析，其中P爲政治（political）、E爲經濟
（economic）、S爲社會（social）、T爲技術（technological）、L是
法律（legal）與E道德（ethical）。

二、BCG模式

　　波士頓顧問公司（Boston Consulting Group, BCG）於1970
年提出BCG成長／占有率矩陣與產品組合矩陣（product portfolio

matrix）。在BCG模式中，將策略性事業單位（SBU-strategic business unit）依其市場成長率與市場占有率，區分為四種：即明星事業、問題事業、金牛事業、明日黃花（狗）事業，並建議各類型企業，應採取不同的策略。這裡所謂的「策略性事業單位」，是指以一種產品或一產品群，所組織起來的事業單位，其目的通常是為了應付競爭者。一個理想的策略性事業單位，通常具有七個特徵：

(1) 它是一個單一的事業，或數個相關事業的結合。
(2) 它有明確的使命。
(3) 它有特定的競爭者。
(4) 它有一個負全責的經理人。
(5) 它包括一個或數個計畫或功能單位。
(6) 它能因策略規劃而受益。
(7) 它能獨立於其他事業之外，自行規劃。

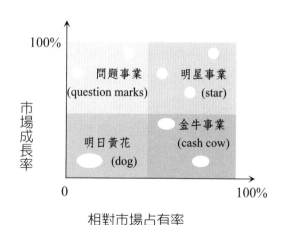

圖8-4　BCG矩陣模型圖

BCG（Boston consultant group）的成長占有率矩陣（growth-share matrix），縱座標是該產品市場的成長率，橫座標則是相對於

最大競爭者的占有率，其中的圈圈代表了每個產品，在該市場上的銷售量。市場成長率，即銷售產品的市場年度成長率，用以衡量市場擴張的速度。市場占有率，用以衡量企業在市場上的強度。

成長占有率可分為四個方格，每一個方格代表不同類型的事業：

（一）問題事業（question marks）

係指公司中高成長率，而低相對市場占有率的事業。落在這個區域的產品，通常在市場上是對的，但是定位不對，來不及振衰起敝，就屬於這一「問題」類。通常來說，大多數公司在剛開始時，均屬於問題事業，而市場上已有一領導者。問題事業需要相當多的現金，因為公司必須不斷增加工廠、設備、人力資源方面的投資，才能跟得上成長迅速的市場，甚至凌駕領導者。

（二）明星事業（stars）

明星產業是指市場成長率高，且相對於最大競爭對手，市場占有率還高的行業，所以明星事業是高成長市場上的領導者。但這並不表示明星事業，會給公司帶來很多的現金流量。因為此時事業體必須花費相當多的現金，在追隨市場的成長率，並應付競爭者激烈的攻擊。尤其在具高度的市場成長性，必然會引誘不同的經營者進入市場。

（三）金牛事業（cash cow）

金牛事業顧名思義，就是此「策略性事業單位（strategic business unit）」能為企業，提供大量的現金來源。其特色是指相對於最大競爭對手，還要高的市場占有率，但市場成長率低的行業。因為市場成長率趨緩，對其他產業的企業吸引力較少，所以新加入的競爭者，也會逐漸減少，原產業內競爭廠商市場占有率不佳者，亦會逐漸退出市場。因此，金牛事業公司不需要耗用現金，再來擴充市場。

而且因爲金牛事業是，市場上的領導者，它享有較大的規模經濟，與較高的利潤加成，公司可利用金牛事業，所產生的現金來支付各種費用，與支持明星事業、問題事業及苟延殘喘事業。所以一般來說，金牛事業太少的企業，反而會顯得較爲脆弱。

（四）明日黃花事業（dogs）

係指公司在成長率低的市場，且相對市場占有率低的市場。一般而言，企業體內若存在苟延殘喘的事業體，則必須加以仔細考量的是，預期市場的成長率是否會回升？或者有機會成爲市場的領導者。如果以上都無法看到，公司未來的發展，則應考慮減少投資或撤退。大部分苟延殘喘的事業體，都會有相當的部分是，基於情感因素而繼續經營，不過此種方式對企業投資，並非最好的處理方式。

一個企業可能同時擁有以上四種商品，譬如以銀行爲例，銀行可能同時有「苟延殘喘」的產品（低市場占有率及低市場成長率）如保險箱；「金牛事業」（高市場占有率及低市場成長率）如信用卡；「明日之星」（高市場占有率及高市場成長率）如基金；「問題兒童」（低市場占有率及高市場成長率）如分析客戶資料，以銷售其他產品及服務予合適的客戶。

三、Porter之五力分析架構

由相互競爭或具有交易關係的企業，集合而成的單位，即稱爲產業。將產業視爲一個組織，分析組織內部成員的行爲與其彼此交互的影響，是企業決策的重要依據。

產業的結構，會影響產業間的競爭強度，波特（Michael E. Porter）曾提出一套產業分析架構，用來了解產業結構與競爭的因素，並建構整體的競爭策略。影響競爭及決定獨占強度的因素，可歸納爲五種力量，即被稱爲五力分析（5 forces analysis）架構。這五

力分別是客戶議價能力（the bargaining power of customers）、供應商議價能力（the bargaining power of suppliers）、新進入者的競爭（the threat of new entrants）與替代品的威脅（the threat of substitute products）與現有廠商的競爭（the intensity of competitive rivalry）等五個因素。透過五種競爭力量的分析，有助於釐清企業所處的競爭環境，並有系統的了解產業中競爭的關鍵因素。五種競爭力能夠決定產業的獲利能力，它們影響了產品的價格、成本及必要的投資，每一種競爭力的強弱，決定於產業的結構，或經濟及技術等特質。以下說明這五種力量的構成變數：

（一）新進入者的威脅

　　新進入產業的廠商，會帶來新的產能，結果不僅會攫取既有市場，壓縮市場的價格，甚至會導致產業整體獲利下降。企業的策略分析，可幫助企業在賴以生存的市場中，選擇適當武器來對抗競爭者。譬如：企業可先設立進入障礙，像是經濟規模、專利的保護、產品差異化、品牌之知名度、轉換成本、資金需求、獨特的配銷通路、政府的政策。

（二）供應商的議價能力

　　供應者可調高售價或降低品質，對產業成員施展議價能力，造成供應商力量強大的條件，與購買者的力量互為消長。其特性是：由少數供應者主宰市場；對購買者而言，無適當替代品；對供應商而言，購買者並非重要客戶；供應商的產品，對購買者的需求具關鍵地位；供應商的產品對購買者而言，轉換成本極高；供應商易向前整合。

（三）購買者的議價能力

　　購買者對抗產業競爭的方式，是設法壓低價格，爭取更高品質與

更多的服務。購買者若能有某些特性,則相對賣方而言,有較強的議價能力。這些特性是購買者群體集中、採購量很大、所採購的是標準化產品;轉換成本極少,購買者的資訊充足,易向後整合。

（四）替代品或服務的威脅:

　　產業內所有的公司都在競爭,也同時和生產替代品的其他產業相互競爭。替代品的存在,限制了一個產業的可能獲利,當替代品在性能／價格上,所提供的替代方案,對購買者愈來愈有利時,對產業利潤的威脅就愈大。替代品的威脅,來自於替代品有較低的相對價格,及具較強的功能;購買者所面臨轉換成本不高。

（五）現有廠商的競爭程度:

　　產業中現有的競爭模式,常會運用價格戰、促銷戰及提升服務品質等方式。當競爭行動開始對競爭對手,產生顯著影響時,就可能招

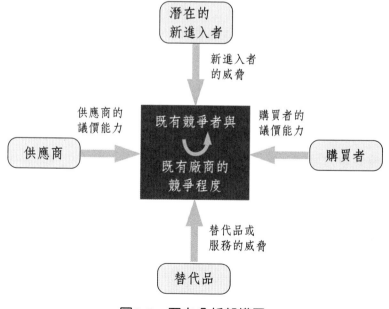

圖8-5　五力分析架構圖

致還擊。若是這些競爭行為愈趨激烈，甚至採取若干極端措施，產業會陷入長期的低迷（血流成河）。同業的競爭強度，受到一些因素的影響，這些因素是產業內，存在眾多或勢均力敵的競爭對手、產業成長的速度很慢、高固定或庫存成本、轉換成本高或缺乏差異化、產能利用率的邊際貢獻高、多變的競爭者、高度的策略性風險，以及高退出障礙。

四、六力分析架構

六力分析的概念，乃英特爾前總裁葛洛夫（Andrew S. Grove，1996），以Porter（1980）的五力分析架構為出發點，重新探討並定義產業競爭，各種力量的影響。他認為影響產業競爭態勢的因素，分別是：(1)現存競爭者的影響力、活力、能力；(2)供應商的影響力、活力、能力；(3)客戶的影響力、活力、能力；(4)潛在競爭者的影響力、活力、能力；(5)產品或服務的替代方式（substitution）；(6)「協力業者」的力量。

第六力所指的「協力業者」，係指與自身企業具有相互支援，與互補關係的其他企業。在互補關係中，該公司的產品，與另一家公司的產品，互相配合使用，可得到更好的使用效果。協力業者間的利益通常互相一致，也可稱之為「通路夥伴」，彼此間產品相互支援，並擁有共同的利益。但任何新技術、新方法或新科技的出現，都可能改變協力業者間，平衡共生的關係，使得通路夥伴從此形同陌路。透過此六種競爭力量的分析，有助於釐清企業所處的競爭環境，點出產業中競爭的關鍵因素，並界定最能改善產業，和企業本身獲利能力的策略性創新。

策略畢竟只是所謂的方案，只是一些對策、一些想法，怎麼樣落實這策略，還必須去執行它。執行策略的過程，就必須要有所謂的營運系統，也就是傳統的營運機制——企業的五大功能「產、銷、人、發、財」：產就是生產，銷就是銷售，人就是人力資源，發就是研究開發，財就是財務管理。當然也包含企業文化等等的搭配，好讓這個策略不是僅停留在想法，不是僅停留在一種思考、一種方案，而是可以透過營運機制來落實、來執行所擬定出來的對策。

　　時至今日，企業競爭對手間，要分出高下，關鍵往往在於執行力！執行力是今日企業界，所忽略的最重大問題。奠定執行力不可或缺的基石，就是了解企業的員工，進而知人善任，實事求是：設定明確的目標與優先順序，後續追蹤，論功行賞，提升員工能力；掌握人員流程、策略流程和營運流程。

一、策略執行

　　許多人會認為執行，是屬於細節事務的層次，不值得領導人費神，這個觀念是絕對的錯誤。相反的，執行會是領導人最重要的工作。在執行的過程中，一切變得明確起來。許多公司都有長期未能達成目標的問題；還有數不清的公司因為執行不良，而未能發揮實力，造成企業目標與承諾和成果之間出現鴻溝。由此可知，許多組織之所以遭遇失敗，原因並不在於其沒有策略，或是策略的品質不夠好，而在於組織缺乏將策略貫徹執行的能力，因此影響了企業之成功。策略執行可以從三個角度，加以觀察：

1. **策略執行是科層體制的控制過程：**

　　策略與執行是相互獨立、上下從屬的關係，上階層者為負

責設計決策，下階層者為負責貫徹策略意圖的執行者。

2. **策略執行是上下階層的互動過程：**

上級所訂定而要求下屬，必須執行的策略標準，只是對於執行者的一種忠告，不具任何的規範性與影響力；基層的執行者，才足以決定策略目標，是否能夠被實現。

3. **策略執行的演進觀點：**

策略與行動是連續性的，策略制定與策略執行是交互行動，兩者具相互滲透、相互聯繫的密切關係。

策略執行足以決定策略的成功與失敗，如果期望策略成功，就必須建立完美的執行，完美執行的十項要件：(1)有勇氣與毅力，去克服外在限制；(2)充分的時間與足夠的資源；(3)充分整合所有必要的資源；(4)策略係以有效的理論為基礎，非憑空捏造；(5)直接而清晰

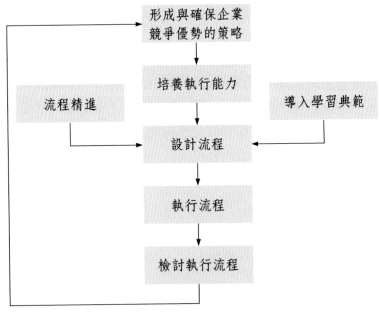

圖8-6　策略執行

的因果關係；(6)最低度的依賴關係；(7)充分共識與完全理解，策略的目標；(8)任務必須在正確的行動序列上，陳述清楚；(9)完美的溝通與協調；(10)權力與服從。

二、策略評估的特質

策略評估的特質是：(1)以價值爲焦點，(2)事實與價值互依，(3)目前與過去取向，(4)價值的雙重性。透過這些特質，可進一步掌握策略評估的功能：(1)提供策略績效的資訊，以提升策略的品質，(2)重新檢視策略目標，與策略執行的妥適性，(3)釐清策略責任之歸屬，(4)作爲擬定策略建議，及分配政策資源的依據，(5)提供決策者、執行人員與相關民衆政策資訊。

三、策略評估的方法

策略評估的目的，依據策略學者詹氏（Charles O. Jones）認爲：評估的任務是在判斷企業規劃的良窳，以了解其對所欲解決的問題，是否已經產生影響。在策略執行前，就可以對策略進行評估，不一定要等到任務結束。事實上，策略評估是公司計畫的一環，在面對現實世界前最後的修正機會。因此，策略評估應該儘量廣納建言，與員工互動，讓所有相關的員工都能表達執行過程的看法。

評估的方法很多，但主要是以下列五種作爲評估，這五種是：

1. 投入努力度評估：
   策略執行時所投入的資源，與品質的評估；
2. 績效評估：
   策略目標與產出的差距；
3. 績效充分性評估：
   策略績效能充分反映目標的程度。

4. 效率評估：

　　策略產出的成本效益；

5. 過程評估：

　　策略是否案預定計畫與目標進行。

8.5 策略聯盟

8.5-1 策略聯盟的意義與目的

一、意義

　　策略聯盟又稱為夥伴關係（partnership），原是企業界提升競爭力的重要策略，目的在透過合作的關係，共同化解企業本身的弱點、強化本身的優點，以整體提升企業的競爭力。

　　策略聯盟（strategic alliances）是指組織之間，為了突破困境、維持或提升競爭優勢，而建立的短期或長期的合作關係。聯盟可以是一個跨國性的企業組織，也可以是國內兩個不同企業的合作。事實上，公司間成立聯盟並非創舉，如：合資、授權、合夥及其他商業合作方式，在過去的商業活動中隨處可見。尤其為因應資本國際化、生產技術快速變遷、產品生命週期縮短，及全球市場的激烈競爭；企業間紛紛透過各種方式，進行策略聯盟。聯盟合作的方式，已是發展全球策略最快速，且最廉價的方法之一。

二、目的

　　策略聯盟的類型，包括了聯合生產、產能互換、聯合行銷、技術互換、合資等。綜合而言，聯盟通常有三個目的：第一為獲得

其他公司供應產品或服務，以達規模經濟與專業化，此屬供給性聯盟（supply alliances）。聯盟的第二個目的為：能獲盟友的協助進入新的市場，或擴大現有的市場，此稱之定位性聯盟（positioning alliances）。第三種是學習性聯盟（learning alliances），其目的是希望透過合作研究，或盟友間的技術轉移，來發展新的技術。一家以研究發展著稱的公司，可能缺乏財務資金、不善生產製造，或行銷推廣的產品，可以策略聯盟的方式，獲得資金、生產技術與行銷通路，加強公司的競爭力。

　　無論是上述哪一種企圖，企業界策略聯盟的最終目的，主要在於尋求企業間的互補關係，亦即企業本身比較缺乏的部分，可以透過合作的方式加以強化。例如：規模較小的個別商店，在面臨同業競爭之後，容易造成經營的困難，若結盟就可以達到擴大規模的效果；又如：研發力強的企業資源，可能不見得充足，如果與製造業合作，不僅可以獲得資金，研發過程的實驗、結果的推廣等方面的需求，也都可以獲得滿足，而製造業本身也可以減少研發成本，並投注較多心力在產品品質管制上，可謂互蒙其利。

 8.5-2　策略聯盟的型態

　　企業界採取的策略聯盟型態，視其本身條件及市場狀況的不同而異。一般來說，多數採取垂直式、水平式或混合式的策略聯盟模式。垂直式策略聯盟是指，與具有互補功能的不同企業，或單位建立夥伴關係，以提升企業的研發功能與產銷效能，如：建教合作、產銷合作、擴大服務項目等。水平式策略是指，結合功能類似的企業，有效運用既有資源，以擴大服務的點與面，如連鎖店。混合式策略是指，兼具垂直式與水平式的策略聯盟，以全面提升企業間的競爭力。

　　目前國際性的合作（聯盟／合資）大受歡迎，最主要的理由是：第一，昂貴的產品開發成本，迫使企業必須尋求其他公司的合

作。第二，現代許多的產品，需要利用高科技來製造，缺乏技術、資金或知識的公司無法獨自進行。第三，聯盟或許是進入其他國家市場，障礙最少的途徑。第四，提供一個最好的學習機會與管道。

總合前述可知策略聯盟，是策略運用時的一項可行方案，然而制訂時，必須衡量所處產業的特性，以及本身的優劣勢，就各種策略聯盟方式的潛在利益，進行分析選擇。但也必須正視，策略聯盟必然會喪失一定程度的經營自主權與理念，無法掌握部分企業存續權，以及有財務劃分困難等缺點。

8.6 藍海策略

兩位歐洲管理學院（INSEAD）的傑出學者，金偉燦（W. Chan Kim）與莫伯尼（Renee Mauborgne）提出《藍海策略》（*Blue Ocean Strategy*），以別於波特競爭策略的另一種思考。

自1980年代以來，廠商奉為圭臬的波特（Michael Porter）競爭策略主流思考，是以競爭為中心的「紅海策略」。企業首先在產業中做選擇，一旦選定後，產業結構即告確定，並在此結構下，透過策略擬定取得最有利的位置。以競爭為中心「紅海策略」的主要思考，也是策略管理理論中產業結構－廠商行為－績效（S-C-P）分析架構的主要精髓。產業的框框一旦固定，在其中競逐較大的市占率，顯然將是殘酷的存亡賽局。企業的勝利，難道只是建立在擊敗他人，所獲得的成就感上，還是還有其他來源？換個角度，找出一個屬於我們自己的藍海，相信企業成長得會更不一樣，這就是所謂的「藍海策略」。

一、血流成河的紅海

金偉燦（W. Chan Kim）與莫伯尼（Renee Mauborgne）兩位學者，針對過去120多年來，30多種不同行業別，採取的150多種策略

行動（strategic move）進行分析，結果發現：大多數企業以價格競爭為本位，這樣只會形成廝殺局面慘烈的紅色海洋，而紅色海洋是市場萎縮的頭號殺手。在紅色海洋裡，企業常採取的一些策略性行為（strategic behavior），來對付競爭對手或潛在的競爭者。這些行為包括：必須不斷投入研發、創新，保持技術領先，利用較佳經營彈性來維持競爭優勢，殺價競爭、購併、垂直整合、策略聯盟、廣告等以鞏固或擴大市場占有率（Martin, 1994; Scherer, 1980），其中以購併、低價競爭、策略聯盟等行動最為普遍。譬如，低價電腦的推廣，始於美國電腦大廠戴爾（Dell）、康柏（Compaq）等電腦公司，最後迫使IBM、惠普（HP）乃至日本的電腦廠商，也必須跟著削價競爭。低價電腦競爭的結果，大廠的獲利下降，必須以擴大市場占有率，做為維護利潤的方法，造成若干不具經濟規模，或缺乏資本的中小型電腦商，也逐漸縮小規模，成為區域型廠商或被迫退出市場。台灣產業喜歡一窩蜂栽入紅海中攪和，從農業、到製造業、服務業無不如此，從熱到不行的滑板車、電子雞、珍珠奶茶、蛋塔……，一個個如泡沫般在紅海漩渦中滅頂。

二、廣闊無邊的藍海

「藍海策略」（blue ocean strategy）旨在脫離血腥競爭的紅色海洋，創造沒有人與其競爭的市場空間，把競爭變成無關緊要。這種策略致力於增加需求，不再汲汲營營於瓜分，不斷縮小的現有需求。真正持久的勝利，不在降價競爭求勝，而是創造「藍海」（blue ocean）——嶄新未開發的市場空間。因此企業贏在未來唯一的選擇，就是要徹底跳脫同行競爭，另闢蹊徑，吸引全新客群，「創造」出許多同業沒有提供的價值，開創自己的藍海商機。

任何一家企業都需要，擬定符合自己需求的藍海策略，可是藍海策略要如何擬定呢？基本上，可以從六個途徑著手：（一）改造市場疆界；（二）專注於大局而非數字；（三）超越現有需求；（四）策

略次序要正確：（五）克服重要組織障礙；（六）把執行納入策略。
一旦市場飽和，就需要有藍海策略，來協助企業走出困局，所以藍海
策略是一種困局中，危機處理的重要策略，它可為企業創造出，更大
的生產者剩餘與生存空間。

		相對競爭位置			
		優勢	中性	弱勢	劣勢
產品生命週期	導入期	以市場占有率為核心策略			檢討策略
	成長期	持續投資策略			
	成熟期	創新研發策略			
	衰退期				研發創新或撤退

圖8-7　企業產銷策略規劃

腦力大考驗

一、何謂策略？策略管理（strategic management）是什麼意思？可不可以下一個定義？

二、請完整的說明策略管理的程序？

三、在分析診斷企業的優勢與劣勢時，範圍應該涵蓋哪些面向？

四、請說明企業界常用的策略規劃工具？

五、何謂策略聯盟？

六、何謂藍海策略？對企業的生存與發展，有幫助嗎？

第 9 章

企業危機管理

MEETING

BUSINESS

MANAGEMENT

30

20

0

時事小專題

　　2013年11月5日宏碁第三季財報出爐，大虧131億台幣。從開除宏碁前執行長蘭奇，到董事長王振堂下台，整整944天，宏碁節節敗退。不僅營收幾乎攔腰折半、連續虧損三年，市占率衰退幅度之大，居PC五大品牌之冠。分析師還預估，還有高達288億台幣，無形資產的減損要「打呆」。宏碁曾經是我國重要的國際品牌，在前景不明，未來不知何去何從的情況下，它的危機處理，將是能否再起的關鍵，也是台灣企業寶貴的一堂課。

沒有企業是不會遭逢危機的，處理得當就存活，甚至可以轉型，但若處理不當，那就只有被淘汰或陣亡。美國「道瓊工業指數」成立時，所有的公司經百年的淘汰，時至今日只剩一家奇異公司。大陸民營企業壽命平均是7.5年，我國是20年，日本是30年，世界前500大是42年。換言之，企業危機管理是管理過程中，不可或缺的。

　　「危機」（crisis）在古希臘文中為crimein，核心的精神是，在「重要關鍵時刻」要決定（decide）。目前國際對危機爆發的定義是：1.突發事件；2.威脅到企業的生存發展；3.資訊不足；4.強烈的心理震撼；5.在時間壓力下，必須立刻處理；6.處理得好與不好，關係到企業未來的發展與生存。

　　危機可能造成無法挽回的局面，但亦可能因為危機處理機制，正確運作處置而獲得轉機。企業危機管理是企業迫切所須的技能，目前也是歐美企管界熱門的學習學問。以企管界家喻戶曉的「藍海策略」為例，它就是協助企業，跳脫出殺價競爭的危機處理。但是國內懂的人不多，學習的人更少，甚至連一般大學的企管系，也很少開這門課。因此有很多人一聽到危機處理，就覺得太高深了，也有的一聽到就害怕，如果我們企業開這些課，是不是就表示我們這個企業有問題？也有的人力資源主管認為，這項工作屬於工安的部門，跟我們關係不大！為協助企業快速成長，避免被危機所吞噬，以及陷在迷失中，有必要教育學生，了解企業危機管理的重要性。

　　企業危機的來源，既多又複雜，但以系統歸納來說，基本上不外乎外環境的變化、內環境的管理，以及企業領導等三大方向。就外環境來說，很可能是市場的萎縮，或競爭過於激烈，或政治的干擾，或法律規範的變遷，或供應鏈出現問題，或徵信不足導致被賴帳、欠帳等拖累，或原物料（如石油）及零組件價格超乎預期的變化。目

前最讓人憂心的是，企業的缺德！從假油、假酒、假茶（有泡沫紅茶店以香精取代真茶）、竄改生產日期（乖乖將已過期的產品，更改日期）、使用過期原料（義美使用9,000公斤過期原料）等，發現這是危機最大的來源。

　　此外，就企業內環境而論，人力資源、品管、行銷、研發、財務管理等領域，都可能會爆發危機。譬如，人力資源管理出現瑕疵，將「不對的人」（如：能力不足、品德操守不良），放在關鍵位置，就有可能使運鈔車被「奪走」，或出現理律律師事務所的一位同性戀者劉偉傑，盜賣公司客戶股票約20億，或者國票的楊瑞仁，淘空公司資產。

　　企業領導是為企業找出「對的方向」，並作「對的事情」，進而以身作則帶領大家同心戮力以赴，它與企業管理本質上是不同的，因為企業管理是把「事情做對」。但是很多企業領導本身過於忙碌，因而專業能力不易與時俱進，因此非常需要外來的協助。

　　新設的中小企業超過10年的僅有42%，10至20年的僅有24%，超過20年的只剩18%。這些事實都告我們，企業如何預防危機、處理危機是現代企業絕對不能忽略的技能！

　　企業經營的環境，唯一不變的就是變，而變動中有機會也有威脅，如何抓住機會，避開危機，是企業無可迴避的重要議題。像日本311的大地震，2013年11月泰國朝野大衝突，2013年菲律賓的超級大颱風，或者中國與日本為釣魚台的軍事對峙，對整個企業的供應鏈，甚至生存發展都受到影響。又如國內出現缺德企業食品安全案件，或不利本公司的網路謠言，面對這些林林總總的企業危機，可以忽視它嗎？可以置之不理嗎？這些難道都是工安的問題嗎？

　　企業危機預防的功能很多，它可以協助企業偵測內外環境的變化，了解當前產業發展現況，以及所面臨經營環境的優劣，進而掌握營運決策方向。進而客觀分析與評估企業各項經營管理制度，預先發現不良管理徵兆與經營瓶頸，並分析經營問題的根因及時治療，進而

化解潛藏的經營危機。對企業主最重要的是：協助企業根據現有人、事、物等資源，檢討經營策略的方向，提供永續發展的適切建議，強化經營體質，帶動企業營運績效的提升。

9.2 危機管理重要性、思考模式

9.2-1 危機管理的重要性

喬丹訪台之旅，NIKE團隊約有17人負責所有行程策畫、安排與執行。身為國內運動廠商龍頭，加上喬丹超人氣，NIKE處處強勢，樣樣主導，不夠柔軟的身段，讓他們無形中樹敵無數而不自知。喬丹快閃風暴發酵四天，從消費新聞、體育新聞、快演變成社會新聞，轉變之大，絕對是NIKE始料未及。事前充滿信心，事後誤判情勢，NIKE的自信和自負，沒想到竟換來自誤後果。

我國企業主管常主觀的認為，不會這麼倒楣的遭遇危機，而抱持「船到橋頭自然直」或隨遇而安的被動反應心態。在國外也有類似的情形，根據研究顯示，全美約有50%到70%的大企業，根本未建立危機或災害預防計畫。Barton在訪談美國280名的電信業經理人時，發現只有4%的經理人，表示有危機管理的計畫。而絕大部分的企業，卻常被許多危機所包圍。換言之，有危機管理的需要，但卻沒有危機管理的相關計畫。

危機不只會傷害企業，甚至對國家也會有影響，例如：2008年美國雷曼兄弟的倒閉，以及多家銀行和房地產公司的破產，所帶來的金融海嘯，或2012年的歐債風暴，所造成觀光業、航空業、零售業、保險業、金融股市等損失，以及造成全球經濟影響的金額，更是無法估算。

9.2-2 危機領導

人沒有不生病的，企業也沒有不遭遇危機的，而且危機是不分國界的！任何形式的企業，都可能會碰到危機。重點是難道這些危機，都不能預防嗎？在防不勝防的情況下，一旦危機爆發，怎麼辦？如何使組織能反敗爲勝、力挽狂瀾？

在危機種類與類型難以勝數的情況下，這個時代的領導人，如何領導組織來預防危機、處理危機，就非常的重要。2013年引爆黑心油的大統長基食品的老板，10月發生的危機，因爲沒有誠意道歉、賠償等，應負的責任。結果到2014年被重判、收押後，才表示要道歉，似乎因爲不懂危機處理、也缺德，所以動作太慢了！相對於另一家福懋油公司，兩者的處境，真是差別很大。其關鍵都在於領導人，如何領導？如何處理？

9.2-3 危機管理的思考模式

危機管理有其客觀規律，可惜的是，以往尚未能科學化的建構，供企業或不同層級的組織依循。以下將區分英美、日本及中國危機處理的思考模式，並依序作一說明。

一、英美危機管理的思考模式

（一）Littlejohn的六步驟危機管理模式

    1. 設計危機管理的組織結構；

    2. 選擇危機管理小組；

    3. 針對各種可能出現的危機狀況加以模擬、訓練；

    4. 狀況監控；

    5. 起草緊急計畫；

6. 實際管理危機。

（二）南加大商學院教授Ian I.Mitroff與Christine M. Pearson

兩位學者，針對危機管理，提出「五階段」的危機管理作為。

第1階段：危機訊號偵測期（singal detection）：危機必然有訊號，
　　　　　有的訊號強，有的微弱。

第2階段：準備及預防期（preparation and prevention）：危機一定可
　　　　　以預防的，就看有沒有準備。

第3階段：損害抑制期（damage containment）：期望避免危機衝擊
　　　　　到公司，或環境中未被破壞的部分；

第4階段：復原期（recovery）：該期主要目的是協助企業，從危機
　　　　　的傷害中，恢復正常運作；

第5階段：學習期（learning）：該階段是企業從危機處理的整個過程
　　　　　中，汲取避免重蹈覆轍的經驗教訓，而使危機不再發生。
　　　　　縱然危機萬一發生，也能以最快、最低成本的方式來處
　　　　　理。

（三）Philip Henslowe教授

該學者提出「五階段」危機管理的準備：

1. 評估企業本身可能發生的危機；

2. 草擬危機應變計畫；

3. 準備危機處理的相關措施；

4. 訓練危機處理小組，提高其快速反應的能力；

5. 根據內外情勢的變化不斷修正計畫。

二、日本危機管理的思考模式

在日本企業主的潛意識裡，並不期望以美國式的「階段論」來管理危機，而是認為公司在經營過程中，要本著盡其在我，強化產品品質，提高企業戰力，要求不能有任何的失誤；也因此，日本的企業往往有否定危機客觀存在的經營假設。既然否定危機客觀存在，就不會建構「多餘」的危機管理機制。儘管企業能檢查，營運的每一個可能出錯環節，甚至包括產品、流程、成本、行銷、研發、財務等等。日本企業這種零失誤的要求，固然有助於降低危機發生的機率，然而是不是真的就能夠控制危機呢？這是典型只考慮內環境，以及盡其在我的奮鬥，而常容易忽略大格局變化中，所帶來的威脅。設若平時沒有建構危機管理的機制，一旦經營環境有變危機發生，屆時在毫無準備的情況下，常會束手無策。日本雪印奶粉造成上萬消費者中毒，危機的事件，其處理失敗的案例，可為殷鑑！

三、中國危機處理的思考模式

目前我國危機管理的思維，幾乎都在西式邏輯框架中打轉，其中偶有日本危機管理的典範被引述，殊不知中國古典兵家戰略思想，從商業營運的基本真理、思維典範、技術工具等三個層次，都提供了某種層次的特殊啟示。中國式的危機處理精神，以《孫子兵法》一書最具典範。如果將該書的精神，應用在企業危機處理的領域，即可歸納出兩類危機處理的模式，一種是「鈍兵挫銳」式的危機處理，另一種是「利可全」式的危機處理。

（一）「鈍兵挫銳」式的危機處理

商場如戰場，如無法先期化危機於無形，而是經過與危機的搏鬥，才解決了危機，這種做法就好比在軍事上，以流血衝突的方式，來解決危機，「孫子兵法」作戰篇稱之為，「鈍兵挫銳」式的危機處

理。即使以這種方式解決了危機，也將耗去企業大量寶貴的資源，所以「百戰百勝，非善之善戰者也」。危機到了爆發才處理，就算結果成功，也不是「孫子兵法」所稱許的危機處理方式。

（二）「利可全」式的危機處理

這是以「不戰」的方式，在企業危機尚未爆發之際，就消弭於無形，使企業順利達成企業目標，這種企業經營的智慧與專業判斷，在謀攻篇稱之爲，「利可全」式的危機處理。謀攻篇對「利可全」式危機處理，有特別的詮釋：「故善用兵者，屈人之兵，而非戰也；拔人之城，而非攻也；毀人之國，而非久也。必以全爭於天下，故兵不頓而利可全，此謀攻之法也。」要如何才能達到「非戰」、「非攻」，而又可以達成國家戰略目標？孫子提出「廟算」的決策，來預爲綢繆，化解企業危機、爭取企業生存發展的機會。唯有「利可全」式的危機處理，才能化企業危機爲轉機，將轉機變爲企業長治久安的有利契機。

9.3　企業危機預防——強化企業體質

美國危機管理專家傑夫·卡博尼克羅指出，「企業經營每天危機四伏，假如沒有好好的管理，必然演變成一場災難！」。不管企業規模大小，或者從事的業務爲何，危機處理都是非常重要的。俗話說，不怕一萬只怕萬一。企業內部要先針對可能發生的危機做好評估，先列出最可能發生的危機或者意外，然後再另外列出一旦發生後，對企業的損害將難以彌補的事件，將兩邊項目加以比較，就可以了解到哪些危機是要優先預防的，哪些危機是難以承受的。如此可以訂定出災害控制、風險轉嫁、緊急應變程序以及危機處理要點。

　　企業若能強化體質，就能將操之在我的部分，降低危機的爆發的機率以及危機的衝擊力。因此企業應從以下分三層面：經營績效、經營體質以及研發體質，並對其中的每個細項加以檢討。

一、經營績效（負面表述）

1.　營業力：

(1) 本公司營業額停滯不前？

(2) 本公司營業額主要來自「舊」產品，新產品營收衝不高？

2.　收益力：

(1) 本公司銷售產品中，可為公司賺錢的沒幾樣，大部分都是不賺錢的產品？

(2) 本公司獲利率較同業差？

(3) 公司每人的平均營業額遠低於同業？

二、經營體質

1.　顧客經營：

(1) 品牌與公司形象地位；

(2) 顧客忠誠度與滿意度；

(3) 對顧客需求的了解程度與掌握能力；

(4) 對顧客的服務與產品維修；

(5) 產品線的廣度與完整性；

(6) 價格優勢。

2.　行銷能力：

(1) 配銷通路的深度與廣度；

(2) 對配銷通路的掌控能力（影響力、網路關係）；

(3) 業務開拓能力。

3. 研發能力：

    技術強度（技術領先程度、技術廣度）或具有某項關鍵技術或具有系統整合能力；智慧財產權強度（具有廣泛與關鍵的專利、智慧財產權的保護能力）；產品推出（開發）的速度與產品的先進程度、完整度。

4. 生產能力：

    (1) 產品品質；

    (2) 生產成本控制能力（產品生產成本、供應鏈控制能力、製程創新能力）；

    (3) 交貨速度（製程彈性、供應鍊控制能力⋯⋯）、或接單彈性（製程轉換能力）。

5. 快速的因應環境變化或掌握商機。

三、研發體質

1. 研發策略面：

    (1) 有完整的研發策略，並與公司的策略相結合；

    (2) 定期進行科技（技術）的預測工作，並預為因應產業技術的變化。

2. 流程面：

    (1) 嚴謹的新產品開發管理或專案管理流程，並據以實施；

    (2) 知識管理制度與運作（含正式或非正式的學術研討會或交流會、技術報告撰寫與流傳、研發紀錄簿、專屬的圖書館）；

    (3) 智慧財產權管理制度與運作（含正式的專利申請制度、獎勵專利創新、進行專利分析與專利布局、相關營業秘密保護措施）；

    (4) 清楚的技術移轉，或研發策略聯盟管理流程，與技術內部擴散制度；

(5) 研發單位每年訂有年度計畫，與明確的預算編列，並據以實施。

3. 運作環境面

(1) 適合研發的組織氣氛 （鼓勵創新與提出不同意見、小組運作、資訊分享、彈性工作）；

(2) 研發單位與各單位的互動關係良好（包括與人力資源、製造生產、行銷業務、財務會計、資訊等部門間的互動）；

(3) 研發單位各項實驗設備充足，且有專人負責操作、維護與校正；

(4) 輔助研發工作的相關軟、硬體設備充足，且充分供研發人員使用；

(5) 公司內、外部的網路與E-mail系統充足，可有效促進技術資料的傳播。

4. 人力資源管理運作面：

(1) 公司研發單位的組織分工明確；

(2) 研發單位的人員進用、培訓、分工、升遷、績效考核制度完整，且運作良好；

(3) 研發人員專長完整，人員充足。

5. 績效考核與運作檢討：

研發單位對以上各項運作均有定期的檢討，並訂有考核研發單位績效的具體辦法。

9.4 危機管理客觀規律

一、危機爆發的特性

危機有其獨特的特性，有兩位學者將其歸類說明。第一位是<u>彌爾</u>

本（Milburn, 1972:262）認為危機情境具有下列特徵：(1)決策者察覺受到威脅的嚴重性，很值得特別關切；(2)屬非預期中發生的危機事件，以致並無事前之計畫或機制可援例處理危機；(3)在發生損害前，作決定並採取行動的時間相當短暫；(4)危機隨不同的環境及影響程度，具有不同的意義，區分危機須依探討之面向而定。

第二位是雷利（Reilly, 1987:80）認為組織之危機情境特性如下：(1)影響範圍廣大；(2)迫切需要注意；(3)屬於意外事件；(4)必須採取行動；(5)超出組織的控制範圍，故組織危機可能威脅，組織生存的情境。

從以上這兩位學者的看法，可總結危機爆發的特性為，突發的意外事件；對企業的生存與發展，產生重大的威脅；對企業整體人員心理震撼；資訊不足，難以有把握的進行決策；必須在黃金時間內，儘快的決定並採取行動；行動結果將絕對影響企業的生存與發展。

二、危機管理

在建構有效的危機管理系統時，應該涵蓋三大環節：危機預防；危機處理；危機溝通。這三個環節是環環相扣，不容有任何的割裂或分離，否則都將影響組織危機管理的成效。例如：少了危機預防就極易使危機爆發；缺了危機處理，僅有危機溝通，這種沒有具體行動的溝通，易被視為無誠意的空言；若只有危機預防及危機處理，卻無危機溝通，就易起誤會引發不必要的爭端，而使危機處理複雜化。

綜合各家的研究，吾人歸納領導人在危機爆發後，具體領導的步驟，分以下九項說明：

（一）專案小組全權處理

危機決策最怕的是，該公司根本就沒有設立危機處理的小組，或會議太慢召開，或部門互推責任，結果導致危機在各單位間打轉，而使危機不斷升高，並向其他領域擴散，最後使危害持續擴大。因此，

成立專案小組時，應注意下列三件事：

1. 指揮體系：

建構危機處理的指揮體系必須明確，才能上令下達、群策群力，朝一致方向來共同奮鬥解決危機。反之，如果指揮體系不明、權責不清，則可能形成組織內衝突，彼此相互抵銷力量。

以禽流感危機個案為例，由於危機可能擴散的範圍，涉及到全國範疇而非一城一鄉時，指揮中樞應該是國內最高的行政長官，以確保指揮調度的順暢，與中心權威的確保。為了使地方訊息及時報告，所以應該有地方性的代表，為確保各部會合作無間，各部會都應該有代表在危機處理中心。

2. 設定目標：

在設定危機處理目標時，一定要有實質的雙向溝通，以避免太容易達成的目標，太難達成的目標，及不合經濟原則等目標的狀況出現。但無論設定哪一種目標，都應該將目標與期望，讓組織成員了解，以利執行。

3. 預備隊：

危機管理小組應該要有預備隊，否則在二十四小時全天候備戰的情況下，一旦危機延滯，其中有人因長期壓力，而無法執行任務時，將對危機處理產生嚴重困擾。

（二）蒐集危機資訊

關於危機相關資訊的蒐集，特別是關鍵性的客觀數據，除重視來源的可信度，也必須正確的詮釋、評估、運用，這是擬定危機對策及對外溝通所不可或缺的步驟。經驗和直覺對於危機處理者，雖有其一定程度的作用，但是以往的經驗，是否適用於此次的危機，這是值得商榷的！如果沒有客觀的統計數據，即使是一樣的危機處理專家，對

於危機爆發前的徵兆，也會有所爭議。所以客觀的統計數據，對於危機嚴重程度，及爾後的危機處理，有絕對正面的助益。針對所蒐尋的各類議題，尤其是潛在的危機因素，要不斷的分析和評估，各種爆發的可能性及威脅性。

但在此有三點必須注意的事項：

1. **基本資料來源的精確度：**

若危機最前線的負責人無法研判，就要迅速將狀況反應至專案小組，再由專案小組就全局狀況統合分析，如此則更能掌握資料的可信度與有效性。如果根據錯誤資料所做的決策，其正確性機率幾乎微乎其微。因此各在輸入前，必須確認其正確性。

2. **資料的篩選機制：**

若缺乏有效的資料過濾機制，當資料流量過於龐雜，又沒有周全的決策支援系統，就可能出現「分析癱瘓」（analysis paralysis）的現象。分析癱瘓主要的症狀是，對於危機應該做出的決定，卻無法及時下達。這主要是因為考慮變數過多，臨危而亂，既做不出該有的結論；又因為資料堆積如山難以分析，而拖到採取行動的時機消逝，危機再生變化為止，仍無法做出任何有效決策。實際上，當「專案小組」對於內外環境及內部組織的資料經過研判之後，可能篩選出的危機資訊，有時會多達七、八十項，此時就有必要借助危機決策系統，來協助小組的工作。

3. **診斷危機：**

診斷的重點，應置於：(1)辨識危機根源；(2)危機威脅程度；(3)危機擴散的範圍；(4)危機變遷的方向。

一家41年老店，旗下擁有35家書店門市，名列出版業的四大連鎖書店──新學友，因受納莉颱風影響，導致現金流量不足，週轉不靈發生問題，造成財務困難，而由搜主義數位科技承接門市營運與債務。事實上，財務危機背後的真正根源是，多媒

體時代的來臨！對新一代的年輕人而言，訊息的載體，不再侷限於紙本類，而且由於從小就接受電子媒體的洗禮，造成圖書消費行為日益下降。因此在進行診斷危機時，不是僅從表面的現象，就可以斷然判斷。

企業成功的故事都很簡單，失敗的經驗則很複雜。所以研判危機資料的來源可能是從不同領域而來的片段，所以應該要在統合後迅速進行診斷。診斷重點應置於下列四項：(1)辨識危機根源；(2)危機威脅的程度；(3)危機擴散的範圍；(4)危機變遷的方向。有許多研究顯示危機爆發後，處理時間非常有限，因此常會出現「危機幻覺」（crisis hallucination）。「危機幻覺」的產生常是由於人的主觀因素（經驗、情緒、年齡和性別等），以及外在刺激的干擾，使資訊受到曲解。這種幻覺會造成輕估、低估、高估等誤判的現象，這種幻覺可能使危機升高，也可能浪費處理危機的重要資源，甚至延誤危機的處理。

從越南處理禽流感危機的過程中，發現「可能病例」及「疑似病例」，如此就更增加診斷的困難性。在此階段如果不能辨認危機因子、程度及其癥結，就無法適時順利的解決危機，更可能浪費危機決策的寶貴時間。因為不能發現危機因子，及其癥結所在，就無法確認目標，並進而加以解決。美國哈佛大學商學院教授唐納薩爾認為，危機領導人的價值，就在於判斷力以及將資源，投入在最關鍵的議題上。

（三）確認決策方案

鴻海在大陸的子公司富士康，接連有人跳樓身亡。負責人竟然找來山西五台山的高僧作法，結果愈跳愈多！這就是決策方案錯誤！以此為例，企業危機處理的總指揮官，應發揮團隊最高統合戰力，抓

住危機中的任何機會，從可行方案中，選擇最適合達成目標的方案，這是本階段最重要的任務。若能根據危機預防所擬定各種解決危機的行動方案，從中擇一宣布下達實施，此乃最理想的狀態。儘管方案雖然未必是毫無缺點，但它可能是實現決策目標方案中，成功機率最高的。

喬丹90秒快閃事件，讓費盡千辛萬苦才排隊進場的700球迷，所充斥的不滿情緒全部宣洩而出後，NIKE本想以抱歉、改進搪塞。結果擋不住球迷砲轟，只好從二度抱歉，以海報補償，再到加送球鞋。所以此處要強調：在方案提出與確認的階段，最重要的就是要有清楚具體的目標，因為目標是決策的方向，沒有目標決策就會失去方向，缺乏效益衡量的標準。清晰明確的處理目標，才能使處理人員有所依據。但無論是哪一種，都應該將目標與期望讓組織成員了解，以利執行。

（四）執行處理戰略

公司處理的戰略若有誤，會更加深處理危機，與危機擴散之間的時間落差。當危機處理的速度，慢於危機擴散的速度，有可能危機尚未解決，又併發另一個新的危機。再加上資訊不足及時間壓力，更易使危機複雜難解。為化解此危機，唯有針對危機根源，採行正確的指導方針與處理策略，才能提高絕處逢生的機率。若能採危機預防措施，在危機尚未擴散到達的領域，先設立防火牆，如此更能增加危機處理的效益。

（五）處理危機重點

危機處理的重點，應置於病源及外顯症狀，但在考量處理方式時，則應以全局綜合判斷。為什麼危機爆發時，危機處理的考量是全局性的思考，而非枝節；因為枝節容易掛一漏萬，無法周全。從2013年一大堆缺德的企業，像胖達人的不實廣告，或賣蜂蜜，裡面

沒蜂蜜，花生油裡沒花生成份，標榜「台灣米」的「山水米」，裡面卻無一粒台灣米，還有假油事件，這些都是因公司缺德，如果缺德不改，還會一犯再犯！像頂新集團據報載，2008年大陸賣宣傳不實的礦泉水，2013年又爆發假油事件，而且還有掏空味全之嫌。

（六）尋求外來支援

日本的311大地震，以及2013年菲國大颱風，對企業的營運，造成重大傷害。此時如何爭取外來援助，是企業能否生存的關鍵。但此時如果找錯支援對象，企業不是被「吃掉」，就是必垮無疑。以太平洋sogo百貨因財務危機，找錯支援，結果被「吃掉」。

展茂光電（生產彩色濾光片的上市公司）因找錯對象，公司被「吃掉」，也垮掉。

（七）指揮與溝通系統

危機決策之後，為保證每位執行者，都了解危機處理過程中，所擔任的任務與內容，就有賴指揮與通訊系統的建構。因為缺乏危機溝通，而造成的錯誤，往往極為嚴重。

（八）提升無形戰力

危機有賴人的處理，而人又受到情緒的制約，要如何解除情緒的困擾，調動人的積極性，能有「雖千萬人，吾往也」的無形戰力，實為危機時刻最需要的戰力。危機管理的分析，基本上都是客觀的數據，很少將危機時刻的士氣，納入通盤的考量，其實主觀不屈不撓的意志與奮鬥力，常是凝聚社會向心，對抗危機的利器。為什麼危機發生後，無形戰力具有如此的功能，就成本代價而言，士氣高昂的處理團隊，相較於士氣低落的團隊，更能以最少的代價，完成所交付的使命。

（九）危機後的檢討與恢復

在遭遇危機重擊之後，除了必須檢討危機發生的根源，以免再度發生之外，更應迅速恢復既定的功能或轉型。

處理也應包含與媒體，及社會大眾的溝通，媒體投入新聞的程度，可以影響大眾對危機處理的觀點。以毒蠻牛事件為例，保力達蠻牛驚傳千面人事件，共有六家便利超商遭到下毒，保力達公司總經理呂百倉立刻在次日上午，緊急召開記者會，宣布已全面回收十多萬箱保力達蠻牛。其溝通之扼要，動員速度之快，令人印象深刻。

以下提出幾點管理溝通步驟，作為參考：

(1) 查明事實並且勇於面對；
(2) 高階主管隨時保持警覺，同時危機管理人員則應維持積極的態度；
(3) 成立危機新聞中心，決定何時可以宣布何種訊息，並且統一口徑；
(4) 與員工、政府單位、消費者等利益關係人，直接進行溝通；
(5) 儘快將可以公布的訊息公開、準確地告訴媒體。此外，媒體有截稿時間，要協助他（她）們，完成稿件；
(6) 採取適當的補救措施；
(7) 事後的溝通與改造，修復或提升受損的公司形象。

其中，由於電子商務網站建構在網際網路的特性，其訊息傳布的即時性，與廣泛的影響性，更加需要公關人員或危機處理人員，機警反應與靈活的手腕。

9.5　危機時刻決策

　　2009年1月，全美航空（US Airways）一架空巴A320，因鳥群撞擊引擎而發生事故，當飛機僅有的兩具引擎，全都失效時，機艙內的旅客，有的在寫遺書，有的則是歇斯底里地大哭，場景宛如人間煉獄。後來飛機安全迫降在紐約哈德遜河上，危急中沉穩出色的機長薩倫伯格，受到媒體的英雄式稱讚，布希跟歐巴馬皆專門致電道賀。如果我是驚駭莫名的旅客，希望遇到的是什麼樣的領導者？在危機四伏的環境中，追隨者希望看到的是方向、是勇氣、是活下去的希望。領導者必須著眼於讓眾人生機勃勃，而不是只關心個人得失。因此危機領導學的重點是，在風雨飄搖之際，帶好整個團隊，不讓恐懼和擔憂，成為企業的最終殺手。

　　危機時刻的決策，應該具備哪些力量？

一、謙卑

　　美國管理學者比爾‧喬治（Bill George）指出，領導者在危機當中，必修的第一堂課，就是「謙卑地面對現實」。因為領導人要接受、看清事實，然後審視自身所扮演的角色，接下來才能統合團隊，面對問題，解決問題。

二、勇氣

　　激勵員工打破傳統、突破現狀、不避諱挑戰、為理念奮鬥。比爾‧喬治在其新著 *"7 LESSONS For LEADING IN CRISIS"* 中表示，身先士卒的領導者，就是在要求其他人犧牲之前，自己先作出表率，不能老是把別人往火裡推，因為，每個人都在看領導人會怎麼做。想要別人替你擋子彈，先問問自己願不願意為別人遮風避雨？領導者在

危機中也不能光顧著彎腰，還須具備挺身而出的勇氣。1965年，美國陸軍上校穆哈爾，在一次任務中率領400個大兵，空降至越南德浪河谷的敵軍陣營，當他發現被超過2,000名越共團團包圍時，沒有一絲驚慌，而是帶領弟兄勇敢面對，這場充滿劣勢的戰爭。在生命中最漫長的一個月，穆哈爾指揮若定，他堅持到最後一刻、最後一人、最後一顆子彈，要告訴弟兄，他將是第一個踏上敵陣，也是最後一個離開的人，而且「每個人都要活著回來」！

三、利他

再危險的環境，都可以透過善意，用幫助別人的心態，化險為夷。日本京陶公司創辦人稻盛和夫提出「利他」的領導觀點，認為再危險的環境，都可以透過善的表現，用幫助別人的心態，來化險為夷。他認為「利他」其實最後利的是自己，如果危機中每位領導者，都能以利他為出發點，這個組織必定有效率又充滿溫馨，如果社會中每一位成員都曉得利他，那麼一定是個溫暖的社會。

四、大愛

運用危機，創造變革組織的機會，把一切理想付諸實行。領導者最關鍵的，是運用危機，創造變革改變組織的機會，像蜥蜴懂得斷尾求生。環境愈艱困，追隨者就愈有更多的心理需求，要被滿足。

腦力大考驗

一、既然企業危機這麼複雜多變，是否可將其來源具體的歸類？

二、英美、日本及中國的危機處理思考模式各有不同，請說明其重點
　　差異？

三、危機處理的六顆地雷是什麼？

四、要處理危機就要先診斷，才能定出有效處理方案，但是要怎麼診
　　斷呢？

五、保力達公司處理毒蠻牛事件，決策方案最大的特色是什麼？

六、危機處理是否會發生「分析癱瘓」（analysis paralysis）的現
　　象？

第 10 章

領

導

　　以「Mr. Brown」咖啡起家的金車（King Car）公司，在2008年9月中旬，因中國爆發三鹿牌奶粉，違法添加三聚氰胺的毒奶事件時，就主動送驗旗下產品，結果發現真的被毒奶所波及。當時外界沒有人知道金車公司「產品中毒」，所以該公司在召開緊急危機處理會議時，有主管提出：默默的下架，並換上新產品，這可以減少公司損失。但創辦人卻堅持誠信，以及必須公開對消費者道歉、賠償。這種願意承擔數千萬元的損失，以及主動告知消費者的勇氣，相對於味全、頂新、大統食品、福懋油、乖乖（竄改過期食品）、義美（使用9,000公斤過期原料），金車這種以道德為核心的領導，才是今天公司永續經營，也是台灣企業所迫切需要的領導。所以經營者的胸襟和道德領導，是真正決定公司未來的格局和走向。

10.1　領導的環境、典範、意義

　　王品集團董事長戴勝益可以在短時間內崛起，靠的就是他獨創的員工分紅和入股制度。在王品利潤中，董事長總會拿兩成來當做員工的獎金，而且是每個月發放。在每一家新店開幕時，從總經理、店長、主廚、區經理，都可以依比例入股。所以企業要能成功，與領導的方式與制度息息相關。領導是人類社會中無所不在的行為，只要是兩個人以上的團體，就有領導的事實存在。企業領導的優劣，不但關係到企業的表現與未來發展，同時也影響到企業成員需求的滿足程度。領導者必須為組織找出一個令人嚮往的遠景，這是領導者責無旁貸的職份。但是這個願景是否會成為事實，就在於領導人是否具有智慧，來帶領企業奔向目標。以企業而言，在市場的實戰中，若缺乏智慧的導引，只恃暴虎馮河之勇是難以成大事的。

10.1-1　領導環境的變化

　　Alvin Toffler在1970年代出版《未來的衝擊》（*Future Shock*）、《邁向未來》（*Learning For Tommorrow:The role of the Future in Education*）、《第三波》（*The Third Wave*）等一系列著作，明確的說明了工業社會及其所形成的官僚體制領導，已逐漸難以適應新時代的急遽變化，而領導典範也有嶄新且快速的變化。特別在邁入21世紀後，對領導者而言，更是一個充滿挑戰的世紀，因為它完全不同於過去組織所面對的傳統環境。

　　在過去的領導典範中，領導者所面對的是從傳統農業時代到工業時代，在這個環境中幾乎都是相對的穩定。領導所著重的面向是以控制、競爭關係為主軸，同時較重視同質性、一致性與事情處理的結構。不過在今日知識經濟的時代，領導典範就必須重視資訊爆炸，總

體的變化環境，典範已轉而強調授權與合作關係，以及重視異質性、多元性及重視人際關係的環境。領導典範的轉變，並不是由於學者的標新立異，或是實務界的盲動躁進，而是由於領導的本質，已經發生重大的蛻變。誠如管理學大師彼得‧杜拉克（Peter Drucker）所言：「當跨入知識經濟時代時，大家所奉行的管理理論的背後假設，已經根本改變了。」所以21世紀的領導者，在面臨客觀環境瞬息萬變之際，領導者必須積極調整自己的角色與作法，才可能帶領組織，跨越困境奔向成功。

 10.1-2　領導的理論與意義

一、各年代的領導理論

領導理論的發展由來已久，可清晰的依年代來劃分四個時期：

1.　**特質理論時期：**

自1910年至第二次世界大戰時期，研究的重點是在發掘成功領導者與非成功領導者的差別。

2.　**行為研究時期：**

從第二次世界大戰到1960年代，該時期特別注重在組織任務的貫徹、組織目標達成過程中，組織成員心理需要的滿足，人格尊嚴的尊重、個人價值的肯定，及參與機會的提供。

3.　**權變研究時期：**

從1960年代到1980年代，主張團體的表現是領導者與情境交互影響的結果。領導的結果需要參照其他方面的表現，如：能力、領導者的特質、群眾魅力等等，並不是「權力」本身，也不單單是職位上的權力，還必須考慮領導者，對被領導者的影響力。

4. **轉型領導研究時期：**

　　轉型領導是領導研究的新焦點，具有文化導引和象徵性的意義，自1980年代迄今皆是研究的重心。儘管針對領導這項議題的研究時間，已經非常久遠，卻也是一般人真正了解最少的學科之一。故此，有意成為企業的領導者，應拋棄過時的管理觀念，積極學習領導的新思維，才能為提升企業的競爭力，作出具體的貢獻。

二、領導的意義

　　領導（leadership）一直是組織，能否發揮綜效（synergy），取得競爭優勢的關鍵變數。許多組織之所以無法創新、效能不彰，難以因應環境的變遷，絕大多數是在領導這方面出了問題。尤其在危機領導與轉型領導的欠缺或無能，而有以致之。既然領導對企業是如此重要，那麼究竟什麼是領導呢？以下將領導意義作一說明。

(1) 在韋氏字典中，將「領導」解釋為思想、行動或意見的指導。

(2) 政治大學管理學教授許士軍認為「領導係在特定的情境下，為影響一人或團體之行為，使其趨向達成群體目標之人際互動程序」。

(3) 行政學的權威張潤書先生認為「領導是組織人員在交互行為下，所產生的影響力」，也可以更進一步的詮釋為「領導是領導者在一定的情況下，試圖影響其他人行為，以達成特定目標的歷程」；

(4) 江文雄先生指出「領導就是影響力的極致發揮，能感召他人達成工作目標的歷程」。

(5) 管理學大師彼得‧杜拉克（Peter Drucker）認為：有效的領導應能完成職能，即計畫、組織、領導、控制。

(6) Hersey及Blanchard認為，有效領導，是要能根據外在客觀形勢，選擇合適的領導方式。

綜觀國內外各專家學者的看法，基本上它有五個因素：一是領導者，二是部屬，三是當時的環境，四是組織，五是時間，如何將五者融合考量，找出天時、地利及人和的有力點，並沒有絕對的模式，這正是兵法所說的「運用之妙，存乎一心」。所以吾人可以將領導界定為：「在一定環境條件下，透過領導與被領導的相互作用，去完成某一特定目標的行為。」

三、領導的特點

領導的成效，有賴於領導者本身的條件、被領導的條件及環境的條件。若是用公式來表達，這三者之間的關係，就是領導＝f（領導者、被領導者、環境）。

透過這個公式可知，有效的領導，必須透過技巧與行為的結合，才能產生一種驅使被領導的個人或團體產生動機，發自內心並自願完成目標的影響力。同時從上述學者的研究中，可進一步將領導歸納為六種主要特點：

(1) 領導就是影響力的發揮；
(2) 領導是一種倡導行為；
(3) 領導係促進合作功能；
(4) 領導是一種信賴的權威；
(5) 領導是協助達成目標之行動；
(6) 領導是達成組織目標之歷程。

所以領導是主管與部屬，為了達到組織的目標，彼此共同互動的過程，而成功的領導，需隨時調整而成。

10.2　領導模式與性質

先後被美國《哈佛商業評論》、《商業週刊》等，選爲最佳財經企管書籍的《從A到A+》（*Good to Great*）一書，是由詹姆‧柯林斯（Jim Collins）帶領的研究小組，以實事求是的精神、嚴謹的態度，從1965年到1995年，將名列美國《財星雜誌》五百大排行榜上的企業，系統化地蒐尋和篩選，從中一步一步找出符合「從優秀到卓越」企業的標準，最後找到了十一家「從優秀到卓越」的公司。在這些脫穎而出的企業當中，試圖找出這些「從優秀到卓越」公司的共同特質，並解開這些卓越企業，能保持成功的秘訣。最後發現許多重要特點，不過在領導人的部分，特別強調「第五級領導人」。「第五級領導人」的特質是：沉默內斂、不愛出風頭，甚至有點害羞，謙沖爲懷的個人特質，和不屈不撓的專業，堅持齊集於一身。和鋒芒畢露，身兼媒體寵兒、社會名流的企業領導人比起來，這幾位執行長簡直好像外星人。

成功的「第五級領導人」，也有不同的領導模式。一般來說，可以根據不同的指標加以分類，例如：就權力分布的角度來說，可分爲專制型的專權獨裁（exploitive-authoritative）、溫和獨裁、協商式民主、參與式及放任型領導等五種。但是眞正有意義的是，從領導風格及領導的方式來加以分類，因爲它能深入領導的實際精神。

一、領導風格

戴維爾博士（Dr. Jard De Ville）在他的《新時代的領導風格》（*The Psy-chology of Leadership*）一書中，將領導風格按照人格型態，分爲四種：

（一）理性型的領導風格

這一類型的領導人物，天生具有較常人敏銳的理解能力，長於分析問題癥結之所在，並能事先洞悉潛在的可能問題。並非每個人都有這種天賦能力，然而分析問題、解決問題的能力，實際上都按照一定的程序。

（二）客觀型的領導風格

這一類型的領導人物，很能發揮他們天賦的控制能力、個性寬容，善於接納別人的意見，因此能夠綜合眾人的意見，從客觀的角度做決策。

（三）激勵型的領導風格

這一類型的領導人物，具有競爭與自我表現的傾向。做為一個領導人，他能把熱忱與幹勁散播給員工，讓屬下感覺到工作是一種樂趣。他並且知道如何糾正員工所犯的錯誤，應該同時給予建設性的指導，而不只是破壞工作情緒的指責而已，這一類的領導人，就像球隊的教練。

（四）支持型的領導風格

這一類型的領導人物，能夠與人合作並喜歡表現，他們的長處是支持員工，儘量協助並開導員工，從而促使員工在能力上獲得成長。他們的領導方式，就像員工的顧問一樣，來協助員工解決所有已出現，及可能出現的問題。

二、領導方式

（一）遠景領導模式（visionary leadership model）

領導人必須規劃組織，未來發展正確且理想的目標，並且能夠激勵眾人，朝其所立的理想目標前進。

（二）魅力領導模式（charismatic leadership model）

領導者利用個人的魅力，或行為上獨特的想法、作法，使他人對其產生，內心的誠服與情感的歸附，而達到領導的效果。

（三）組織文化模式（organizational culture model）

組織文化是一種激勵組織內成員，表現某種行動的社會力量。它界定了組織成員的行為模式，包含了正式與非正式的溝通，是一種專屬於組織內的價值觀。透過建立並運用組織內，所產生的組織文化與組織氣氛，進而對成員進行正式或非正式的溝通，及規範的作用，以達到組織共同的價值規範。

（四）交易領導模式（transactional leadership model）

是指領導者對於組織成員之間，所存在的關係，包括了威權、階級、經濟、心理等層面。領導者可利用組織所賦予的權威，經由溝通、磋商、會議、獎賞等合理方式，來滿足部屬的需求，進而達到領導的成效。

（五）轉化領導模式（transformational leadership model）

是指領導者能以對組織成員的尊敬、稱讚、信任，鼓勵，並激發組織成員，去完成比預期更高的目標或任務，使其對組織產生使命感，及完成後的成就感。

（六）整合型領導（connective leadership）

這種方式是著名的組織社會學家李普曼（Jean Lipman-Blumen），在其1996年的新作：《整合的優勢》（*The Connective Edge: Leading in an Interdependent World*）中，所提出的整合型領導（connective leadership）概念。它強調整合型的領導者，不是只採用自己過去慣用的一種領導風格，而是能夠綜合多種領導風格，並知道如何因時因地制宜，採取不同的策略。

領導是科學也是藝術，科學指的是對於內外環境與問題，能夠進行系統性的分析；藝術則是指團結一切可團結的對象，將所有力量指向目標的過程時，不是單純依靠權威、權力及職位來行使法律所賦予的權力，而是依靠影響力及雙方面互動來達到組織的目標。換言之，所需影響力的各種技巧，它可能涵蓋：言談技巧、社交技巧、依賴別人和為人所信服能力的綜合體。所以領導者應不斷的自我修練，使自己具備影響部屬、領導部屬的條件。

10.3 領導者應有的修練

面對現今多變的時代，領導者的角色，變得更為艱辛與重要，如何有效帶領團隊、整合團隊資源，使組織運作能夠高度發揮綜效（亦即產生1＋1＞2的效果），創造競爭優勢已成為領導者，無可避免的神聖使命與挑戰。領導人要達到這個目標，究竟是靠天賦，或是可以透過後天學習而成呢？

美國學者彼得‧聖吉（Peter M. Senge）在其《領導大未來》（*The Leader of the Future*）一書中，曾論及這個議題說：或許這世界上真有「天生的領袖人物」存在，但可以確定的是這種例子太少見了，所以彼得‧聖吉強調領導是必須加以學習的，而且是可以經

由學習獲得。但要怎麼學習呢？不同的學者有不同的金科玉律，例如：詹姆士M.庫賽基（James M.Kouzes）及貝瑞Z.波施納（Barry Z.Posner）指出勇於挑戰；激發共同願景；使他人有能力；以身作則；鼓舞人心。

美國前紐約市長朱利安尼，認為有效的領導者，需要具備五種特質，這五種特質不論是政治界的領導人或跨國大企業、中小企業的領導人，甚至只是領導一個部門，或一個小小的團隊都可以適用。這些原則就是領導者，要有自己的哲學；領導者要有勇氣；領導者要有準備；領導者要懂得溝通；領導者要懂得團隊合作。我國管理學教授楊博文及李育哲教授，提出領導四原則，指出大公無私；以誠待人；以禮相尚；以身作則等；日本學者山際有文提出領導統馭50要訣。雖然每個學者皆有其獨到的見解，不過卻有其共通的領導人修練，歸納如下：

（一）系統性思考能力

以往在軍事戰場上，指揮官之所以能夠決勝於千里之外，主要是先能夠在帷幄中的策劃運籌，才能有此成果。事實上，在企業活動、學校行政或政府組織，又何嘗不是如此！這就是學習型組織的觀念，為什麼會受到全球組織重視的原因。基本上學習型組織的主要精神，即是美國學者彼得‧聖吉（Peter M. Senge）《第五項修練》（*The Fifth Discipline*）一書所強調的，系統性思考能力（systematic thinking）。

系統性思考是透過，廣度與深度思考的方式，找出問題的真正原因。因為在這複雜多變的世界中，有太多問題是分歧、模稜兩可、曖昧、兩難、矛盾、對立，甚至彼此糾結在一起。如何在這樣的情境下，領導並發揮影響力，來建構組織生存發展，大的方向與路線，這是組織重要的課題。

　　若無法思考問題的真正原因，任何解決問題的方案，都可能是無效的，反而會製造出新的問題來。所以系統性思考能力，確是領導人觀察問題核心的有力工具，透過此工具方能認清問題、明瞭問題、分析原因、尋找可供選擇的解決方法、決定方法、訂出實行計畫、發展行動計畫，以及提供評價及解釋的機會。

（二）塑造願景並掌握目標

　　願景是整個組織發展的理想，代表實際、可行、迷人的未來，比現狀更好的情況，透過這個願景，組織內的成員都可以看得到未來的利益。領導者若能善加規劃組織願景，就有機會創造價值（value creation），蓄積組織能量（synergy）。根據從《A到A＋》一書指出，成功領導者應堅持願景實踐的信念，並將一切力量與資源投入，持之以恆，這是邁向成功之道的不二秘訣。不過在規劃願景時，應該注意願景的五項基本條件：

　　(1) 具有吸引力，以致能引起部屬的注意力與渴望。

　　(2) 具理想性，能激發部屬的潛力。

　　(3) 有宏觀的視野、多元化的發展。

　　(4) 有實際的戰略與行動方案。

　　(5) 能激起員工向目標前進的動力。

（三）溝通能力（communication ability）

　　近代的企業組織規模日漸龐大，與外界環境的關係又日益複雜，對內需要統合各階層的意見，對外需要引進各方面的資料，這些都與意見溝通，有密切的關係。事實上，組織無論大小，只要想發展，領導者的溝通能力就是關鍵所在。平克斯（J. David Pincus）所著的《顛峰戰將——21世紀剛柔並濟的新領導者》一書指出，企業在激烈競爭的經營情況下，唯有「最高主管」（chief executive officer）轉變成為「最高溝通主管」（chief communication officer）

才行得通。

　　領導與管理本質是不同的，管理基本上是以機器設備、原物料、資金及動力來源之類，在穩定的外在環境，和市場需求狀況下，有效提升並運用生產力，而領導指的是如何影響部屬、領導部屬走向某一個路線，所以誰是溝通高手，誰就是成功的領導者。尤其在這個以團隊合作取代單打獨鬥的時代，與別人的溝通能力，對領導者而言，就顯得更爲重要。溝通最難的部分，並不是領導者大聲的將自己的看法說出來，而是在於傾聽別人的心聲。當然領導者必須要能夠充分有表達自己的意見，正確無誤的讓對方了解，站在對組織發展有利的角度，與他人進行有效的溝通，共同尋求最佳的方案。不過在知識經濟的時代，領導者不一定擁有全面的知識，所以傾聽是現代主管，最不可或缺的領導才能。它涵蓋非語言溝通，向下、向上和平行溝通，正式溝通和非正式溝通，傾聽的藝術和技巧，口頭溝通（表達能力、說服力），甚至包括自我肯定和專業的認同。

（四）關懷部屬

　　在美國曾經作過一次著名的實驗，在管理學及領導學上，被稱爲「霍桑實驗」。這個實驗的精神，主要在觀察人在不同環境下的反應，變數放在比原來燈光更黯淡的工作環境下的反應，來對照比原來燈光更增強情況下的反應，兩者工作成果究竟有何不同。原本預期燈光黯淡下的工作成果較差，燈光增強下的工作成果較強，結果竟然與預期有很大的差異。因爲發現燈光黯淡與燈光增強，對於工作的成果，幾乎都沒有太大的差別，也就是兩者的工作績效，都產生同樣增加的效果。爲什麼會出現這個現象呢？經過研究的結果，發現無論是燈光黯淡與燈光增強的時候，因外面都有許多記者，與關心的民眾，在外觀察，導致在裡面工作的員工，都打起精神全力以赴，不敢有所懈怠。透過上述這個實驗，讓吾人了解身爲領導者的人，應該要時時關心部屬，如此才能提升工作的士氣。這裡所謂的士氣，是指對工作

滿足的一種感覺、態度、情緒與意見的綜合。這種綜合感能夠強化戰力，並忍受工作挫折與壓力，所以這是領導人必須作的一項修練。

（五）培養情緒智商（emotional quotient）

情緒智商是領導的必要條件，假定有很好的才能，卻嚴重缺乏情緒智商，仍然可能無法成為一個卓越的領導者。平庸的領導人與傑出的領導人，分水嶺在於情緒智慧。領導者在工作中，不可能永遠沒有失誤和過錯，關鍵是在有了失誤和過錯之後，是否能夠正確地對待批評監督。領導者的情緒智商高低，就會有不同對待批評監督的方式。

聞過則喜及過而能改，皆是領導者學習的典範。所謂「聞過則喜」是指，聽到別人批評自己的失誤、過錯，不但不會記恨在心，甚至還反過頭來抱著感謝的心，使自己更完全；所謂「過而能改」就是在知道自己的失誤和過錯之後，馬上就通過實際行動加以改正。聞過則喜是一種態度、一種胸懷，它表明了領導人，歡迎批評與監督的品格、作風；過而能改則既是一種態度，又是一種行動，它表明了領導人敢於糾正自己失誤和錯誤的自覺與勇氣。沒有接受批評和改正錯誤的起碼自覺，是談不上接受更廣泛的批評監督的。

既然情緒智商如此重要，那麼其內涵究竟為何？歸納學者主要的認知，它包括自制（self-regulation）、動機（motivation）、自覺（self-awareness）、同理心（empathy）及社交技巧（social skill）。

表10-1　情緒智商構成要素表

要　　　素	定　　　義	品　　　質
自　　　制 self-regulation	調整與控制衝動心情的能力；三思而後行	1. 值得信任與廉潔的形象 2. 不確定情境可應付自如 3. 開放心胸接受變革，提升競爭力

要　素	定　義	品　質
動　機 motivation	能夠超越金錢與地位的動機，熱誠的工作；有活力與熱情去追求目標的特質傾向	1. 具有強大驅力去達成目標的工作熱誠 2. 保持樂觀進取的態度 3. 組織承諾
自　覺 self-awareness	確認與了解自己的心情、情緒、驅力以及別人的影響能力。	1. 充滿對自我的自信 2. 真實掌握本身優勢與劣勢的自我評估 3. 自我解嘲的幽默感
同 理 心 empathy	建立人際關係網路管理的能力；依員工的情緒反應，作出適當處理的技巧	1. 具有跨文化的對話能力， 2. 建立及留住人才的專業素養 3. 提供顧客與消費者的服務 4. 增進工作團隊相互了解
社交技巧 social skill	精通於管理人際關係與建立人際網路；發現共通的基礎觀點與支援能力	1. 帶領團隊變革 2. 說服能力 3. 建立及引導團隊的專業素養

10.4　如何領導新世代年輕人

　　新世代的年輕人，有截然不同的價值觀與態度，似乎總讓人摸不著頭緒。有人認為他們自我中心、抗壓性低；有些主管覺得他們，特別有創意和行動力。但是不管喜不喜歡，短短幾年內，這些新世代將會占，全球員工人數的近半。

　　對於新世代的領導，應建立友好的互動關係，便能讓他們在企業中，發揮長才。不過，新世代求新求變，領導者如何跟上年輕人的步伐，或學習轉換管理法則，讓年輕團隊更有衝勁？以下歸納出三大管

理法則：

1. **扁平式管理**

   或發現任何問題，或有任何創新點子，均可直接與經理、科長或課長溝通，無需透過各項職級，再傳達消息至高層。透過跨部門及組織進行溝通，有助於激發創意，及想像力的發揮。

2. **目標管理**

   「目標管理」是掌握工作進度，不可或缺的重要環節，但過去強調權威、制式規範、效忠上級的管理方法，並不適合新世代。較佳的方式是，按進度及時程，切割成不同的單位，依照分工進度逐一檢視。透過各種小單位，分階段地達成目標，可逐步累積成就感及自信心。若未能達成目標，宜依照實際情況，適度地調整進度，使新世代跟得上公司的腳步，並適時給予包容犯錯的空間，讓目標管理成為，協助提升技能的良好指標。

3. **以激勵代替責備**

   新世代成長於少子化社會，擁有家人滿滿的愛，他們的心格外敏感，責備無疑是一種無形傷害。因此不妨多用肯定的言語，表達真誠關懷，可於無形中增進信心及行動力。所以鼓勵是主管面對新世代相處，不容小覷的關鍵。

10.5 轉型領導的意義、需要、困難

「轉型領導」（transformational leadership）一詞，源自於領導學者伯恩（James M. Burns）所獲得普利茲獎的名著《領導》一書，在書中，伯恩斯將行政人員的領導風革，劃分為兩種類型，一種稱為互易領導（transactional leadership），另一種稱為轉型領導。

10.5-1　轉型領導意義與需要

「轉型領導」是指組織領導人應用其影響力，轉化組織成員的觀念與態度，使其齊心一致，願意為某一目標（組織的最大利益）付出心力，進而促進追求組織的轉型與革新。從這個界定可以了解「轉型領導」的內涵，並且從這個內涵得知，轉型領導要成功，就需「設定方向，爭取認同，引發動機，激勵人心」，如此才有機會成功領導組織進行變革。

傳統觀念下的領導，乃屬於規則與組織下的一種管理功能，領導者只能在組織結構，所限定的範疇內，依照計畫以激勵與監督下屬工作。然而在創新的時代，領導卻居於管理程序之前，其主要任務為引領方向，「先天下之憂而憂」來帶動變革。基本上，無論是國家、社會、工廠、學校、部隊、機關、單位、團體，都可能面臨轉型的客觀實際需要。如果一個組織或機構的領導者，缺乏轉型領導的能力，就很可能在大時代轉變之際，被潮流所淹沒，被市場所淘汰。尤其當外在客觀環境不斷變化之際，特別是在市場與潮流已經變化，或可能變化之際，領導人就有必要為組織，或機構的生存與發展，作出具體的決策；特別是當重要機會出現時，或可能產生威脅時，組織內部制度無法因應，其原因可能是病入膏肓，或執行能力漏洞百出，而無法因應外來挑戰；另外可能是為了贏得機會，而有必要領導組織與機構進行轉型。

10.5-2　轉型領導的困難

管理學大師彼得‧杜拉克（Peter Drucker）在《動盪時代的經營》一書中，明確指出領導者憂患意識，與發現問題的能力，是不確定環境下的重要技能。但是當發現問題與威脅之後，應該怎麼辦呢？

根據正常的邏輯來說，緊接著應該就要開始，進入實際解決問題的程序，不過要指出的是，由於部分領導人欠缺自信，或過度的謙卑含蓄，導致對問題的策略舉棋不定，魄力不足，決策常會偏來偏去，導致朝令夕改，讓部屬無所適從。該類懦弱無能的表現，在今天這個變化快速、激烈競爭的時代，顯得極不恰當！因為這不易使部屬產生向心力和認同感，而且也常是部屬最瞧不起的主管群像之一。

儘管如此，但證諸實際的個案，領導轉型卻並不容易，無論是現在企業轉型，或國家改革都可以證明這個道理。因為一旦涉及轉型大多是痛苦的，因為以往的組織結構與組織文化，大多已是模組化，而在轉型的過程中，卻要打破這個既定「模組」，因此挫折與不確定性，是可以想像的。同時由於組織內的人員，在習慣某種模式久了之後，為了安定與既得利益往往容易抗拒變遷。無論是當一家人或一群人，不願失去既得的權力，而不肯輕易退出歷史舞台，就有可能千方百計地頑抗到底。從中國幾千年來的重大改革變法，及目前中國大陸從計畫經濟到市場經濟的過程，都證明領導轉型並不容易，這也就更證明領導者的重要性。

組織轉型與變革的困難，在於必須克服抗拒改變和組織慣性，這兩方面的阻力。變革要靠「領導」不是靠「管理」，不幸的是，當前我們所看到的情況，卻是「過度管理而領導不足」的狀況。這個問題除了前述所指領導人的魄力之外，領導人對於轉型的認知有限或過於樂觀，而忽略某些重要環節，特別是執行的環節，都非常可能造成失敗。以滿清時代光緒帝為因應現代化的挑戰，所領導的「戊戌變法」為例，當光緒帝下詔變法後，慈禧太后和一群守舊的大臣堅決反對，甚至先發制人的把光緒帝囚禁起來，並捕殺譚嗣同等六名維新派的主要人物（康有為、梁啟超二人因得英國、日本使館相助，相繼逃亡海外），最後使得變法完全中止，戊戌維新的轉型運動因而失敗。

10.5-3　轉型步驟

在市場激烈競爭或企業產品市占率，不但降低的情況下，企業有必要進行轉型，此時，領導人實際上該如何作呢？針對企業轉型的議題，提出八項步驟來克服轉型阻力，使轉型更能夠成功，雖然這個轉型是以企業為主體，但在精神與原則上，是能夠運用到其他類型的組織與結構。這八個步驟，依次為：(1)建立共識；(2)成立領導團隊；(3)提出未來願景；(4)組織內溝通協調；(5)員工參與與授權；(6)創造近程效果，以鼓舞士氣；(7)鞏固戰果並再接再厲；(8)深植企業文化。這八個步驟層次分明，循序而進，而且能有效整合了當今許多有關「組織變革」的理論，使其前後呼應。現將其轉型步驟，以表10-2加以說明。

10.6　領導人應有的彈性

領導人應有的彈性，此處所指的「彈性」，是指環境的變化與領導人反應的程度。如果環境的變化低，而領導人反應的程度高，則代表彈性大。反之，如果環境的變化高，而領導人反應的程度低，則代表彈性低。但如何才是優質的領導，這與領導者的市場敏感度，密切相關。

表10-2　領導人的變革法則─組織轉型成功八步驟

企業轉型為何失敗	企業轉型成功的八步驟
自視太高	建立共識
1. 缺乏立即而明顯的威脅 2. 領導人缺乏總體性與系統性思考 3. 主管對部屬過於嚴苛，卻又寬以律己 4. 決策結構不健全，導致很多人見樹不見林 5. 規劃目標不具挑戰性，使員工能輕鬆達成各自的工作目標，而產生自滿 6. 員工靠一些不當的內部管道，了解外界對公司的評語 7. 當企圖心強的年輕員工主動了解外界對公司的評語時，卻招來被排擠的命運 8. 組織學習鈍化，甚至退步 9. 其他成員雖不受前八項自滿因素的影響，只因為高階主管抱著「家醜不外揚」的心態，甚至粉飾太平，使最高領導人不知真實狀況，而產生悖離事實的安全感	1. 分析外在威脅，建立轉型共識。容許財務虧損，讓主管在迎戰競爭對手，看到本身的重大弱點，或不踩煞車任由錯誤引爆 2. 領導人能消除組織明顯浮誇浪費的跡象，而能謙虛檢討、反躬自省 3. 設定高難度的營收、淨利、生產力、客戶滿意度和週轉率目標，讓員工無法用平常的經營方式輕易達到 4. 不再只根據個別工作目標評量單位表現。要求更多人必須為大格局的企業表現負責 5. 對員工公開更多有關客戶滿意度和財務表現的數據，尤其是能顯示競爭弱點的訊息 6. 要求員工定期接觸不滿的客戶、供應商以及其他攸關公司利益的人 7. 決策會議能提出客觀具體資料，並且開誠布公地討論 8. 在內部通訊和資深主管的演說，對公司的問題做更多誠實的檢討，制止資深主管粉飾太平 9. 夜以繼日地灌輸員工潛在與未來的機會，以及實現後大大有好處的消息，同時也點出目前組織無法掌握這些機會的問題所在

缺少有力的變革領導團隊	成立領導團隊
當今外在環境 ☑ 需要更多大規模轉型，做法包括更新策略、重新改造、組織重建、合併、購併、減肥、新產品或是新的開發等 ↓ **企業內部形成的決策** ☑ 針對更嚴重、更複雜、更情緒性的問題 ☑ 決策速度更快 ☑ 在較不確定的環境中完成 ☑ 執行決策者必須做更大犧牲 **新的決策過程** ☑ 新的決策流程不可或缺，因為沒有人能擁有全部重大決策所需的資訊，或說服許多人達成決策所需的時間與公信力 ☑ 必須由一個通力合作、強而有力的領導團隊負責	1. 網羅適當人才：具備強大權勢、廣博的專業知識、高度公信力兼具領導和管理技能，尤其是前者 2. 培養對領導人信賴感：透過活動形成組織的一體感 3. 凝聚共同目標：合乎理性；訴諸感情低估企業願景的重要性
好的願景可以產生三種作用： | 威權式做法	無微不至做法	願景 | ↓　　　　　↓　　　　　↓ | 支持舊制的力量 | ↓ 1. 透過釐清變革的大方向，願景能為成千上百個枝節政策提綱挈領 2. 願景會激發員工朝正確方向採取適當行動 3. 它能迅速、有效地幫助員工協調彼此的行動提出願景	有效願景的特質： 1. 可以想像：一幅未來模樣的圖像 2. 期望中的：訴諸員工、客戶、股東等與公司利害相關的長期利益 3. 可行的：包含切合實際，可能達成的目標 4. 有重點：重點清楚，足以作為決策的重點原則 5. 有彈性：在大原則的架構下，允許個別自主行動，以及因應環境變動作不同的回應 6. 可溝通的：溝通容易，在幾分鐘內就能解釋清楚

變革願景未作充分溝通	溝通變革願景
溝通無效：變革願景消失在一片雜訊中 1. 在三個月內，每位員工接收到的訊息總數＝2,300,000個字或數字 2. 在三個月內，一般人接收到變革願景的訊息＝13,400個字或數字（相當於一場三十分鐘的演講，一場長達一小時的會議，公司內部刊物上一篇六百字的文章，再加上一份二千字的備忘錄） 3. 13,400／2,300,000＝0.58%變革願景只占傳播市場的0.58%	有效溝通願景的特質 1. 簡單易懂：絕不用專業術語，也不滿口技術 2. 比喻類推實例：描述生動的一幅圖像勝過千言萬語 3. 多重溝通管道：大小型會議、備忘錄、公司內部刊物，正式與非正式互動等 4. 不斷重複：任何觀點都必須一再灌輸，才能被充分理解 5. 以身作則：重要人物悖離願景的作為，會使其他溝通形式大打折扣 6. 澄清表面的不一樣：未經解釋的矛盾將破壞力整體 7. 交換意見：雙向溝通比單向溝通更有效去除問題叢生
授權的障礙	授權員工參與
1. 正式結構使得行動困難 2. 員工欠缺行動所需技能 3. 人事和資訊體系使得行動困難 4. 老闆不鼓勵為達成新願景所採取的行動	1. 傳達明確願景給員工：如果員工有一個共同目標，便比較容易採取行動來達成該目標 2. 讓結構與願景相容：未經調整的結構會阻撓必要的行動 3. 提供員工所需的訓練：如果沒有適宜的技能和態度，員工會感到力有未逮 4. 調整資訊與人事體系，配合願景：未經調整的體系也會阻撓必要行動 5. 挑戰破壞必要變革的監督人：沒有人比得上一個差勁的老闆更會讓員工自廢武功

欠缺近程戰果	創造近程戰果
人們不規劃近程戰果的理由： 1. 一般人對取得這些戰果沒有充分的計畫，因為其他的問題已經令他們應接不暇 2. 不相信短期內真能大有斬獲或出現重大改變。大多數經理人認為長期與短期利益總是相互消長 3. 企業領導團隊不夠強，管理打折扣，或是重要主管只顧處理眼前事物，而忽略更重要的部分	1. 證明犧牲是有代價的：輝煌的成果，有助於彌補初期投入的成本 2. 為帶動變革成員加油打氣：辛苦一場後，良性回饋會提高士氣和動機 3. 協助調整願景與策略：近程戰果會帶給領導團隊紮實的數據，讓想法變得更精確 4. 對抗嘲諷與自私的抗拒勢力：對於有意封殺必要變革的人士，清清楚楚的改善表現，讓他們找不到攻擊的著力點 5. 維持老闆們的支持熱度：近程戰果可讓高層主管確信，改革路線確實是正確的 6. 培養變革動力：減少觀望者，變成支持者，信心不足的支持者更加活躍

領導、管理近程戰果
和企業成功轉型的關係

	管理+	++
++ 領導	當近程戰果偶見佳績時，轉型成效只是一時，無法長久	良好的領導與管理下，轉型行動高成功
+ 0	轉型努力無處著力	近程戰果很容易產生，尤其當削減成本或購併時。但是真正的轉型計啟動不易，而且重要的長期變革很少實現

太早宣布勝利	鞏固戰果並再接再厲
1. 改革過程中，非理性與政治性的反對力量絕不會完全消聲匿跡，只是轉入地下或匿身草叢，並伺機反撲 2. 公司成員危機意識喪失，自滿情緒升高，排斥改革的傳統力量將如排山倒海般反撲而來	1. 改革只多不少：運用近程戰果的公信力，領導團隊推動更多、更大規模的改革方案 2. 更多協助：引進、拔擢與培養更多幹部來協助所有的變革工作 3. 高層主管的領導：高層人員努力釐清整體行動的共同目標，並保持大家的危機意識

	4. 中低階主管主持專案計畫：特定專案的管理與領導工作，授權中、低階主管來執行 5. 除去不必要的相互依存關係：主管要使短期和長期的變革更容易，應該找出不必要的相互依存關係，並將它們拿掉
紮根不實 企業文化的組成要素 顯性　　　　　很難改變 ↑　　　　　　　↑ 群體行為規範 ☑員工迅速回覆客戶 ☑主管讓部屬參與決策過程 ☑主管每天至少加班一小時 共同價值 ☑主管重視客戶 ☑公司高層偏好長期負債 ☑員工重質不重量 ↓　　　　　　　↓ 隱性　　　　　幾乎無 　　　　　　　法改變	讓新做法深植企業文化中 1. 擺在最後，不要躁進：大多數規範和共同價值的改變，放在轉型過程的最後面 2. 需要成果肯定：新做法要深植舊文化中，必須讓員工非常清楚看到它的成效，並認為它優於舊方法 3. 需要大力宣導：缺少口頭指引和支持，員工通常不願意承認新做法的成效 4. 必要時得更動人事：有時候，改變企業文化的唯一辦法是撤換關鍵人物 5. 審慎選擇接班人：如升遷流程並未配合新做法，舊文化很快就會伺機反撲

10.6-1　市場敏感度（market sensitivity）定義

　　將軍對戰場地形及戰略要點，都應有相當的敏感度。企業領導人則應對商場的產業成長，競爭者集中度，產品差異化小，新進入者的威脅（網路及電視購物）等，有其專業的敏感度。商場如戰場，兩軍對峙猶如同型、同性質商業產品的對抗戰，市場的爭奪，一來一

往，短兵相接，慘烈狀況不下於眞正的戰場，因此領導者對市場的敏感度，就顯得極爲重要。既然市場敏感度是公司，賴以生存與茁壯的基礎，那麼究竟什麼是市場「敏感度」呢？就負面表列來說，它不是「超感官知覺力」，而是在「感官知覺力」之內。

本處將「領導彈性」定義爲：在保證達到所要求的企業目標條件下，接收市場最小（微弱）訊號的能力，也是衡量「反應程度」的指標。換句話說，就是當市場略作變化時，會引起企業反應的程度。如果敏感度低，就表示市場變化的程度，遠遠高於企業的反應程度；如果敏感度高，就表示企業的反應程度，遠高於市場變化的程度。假使敏感度低到0，就表示市場不管怎麼變化，企業卻沒有任何反應，就好像不會醒過來的植物人一樣。

反應主要在於企業結構的調整，以及企業的競爭戰略。由於「競爭策略」能使企業，在最基本的戰場（產業）上，找出有利的競爭位置。因此，競爭策略的目的就在於：針對產業競爭的決定因素，建立起能獲利、又能持續的競爭位置。因此，前述所指的「企業反應」，不是盲動、躁動，而是有成熟、冷靜的態度，高瞻遠矚的洞察力，以及充分的計畫之後，所進行的行動。這樣的行動，不代表一定要與市場變化程度呈正比，才是優質的公司。因爲如果原來的市場生存戰略，就是正確的話，那麼可能就不須有什麼大的變動，頂多在行銷或者研發，應該更貼近消費者的需求。雖然行動變化程度，不一定要大於市場變化程度，但是如果缺乏敏感度，又怎麼能知道企業戰略是正確的呢？又怎能推敲消費者，與競爭者的變化呢？

10.6-2　市場敏感度重要性

領導是組織的靈魂，可以決定一切的成敗。在這個多變的時代，領導者應該關心的是後天報紙的頭條標題，所以保持敏感度，已經不再是重不重要的問題，而是必要的議題。如果不能保持適當的敏

感度，很可能讓企業到處碰壁，無路可走。反之，擁有的敏感度愈高，代表選擇性愈多、適應力愈強，因而企業能發揮的空間，就會更寬廣。經濟學原理最常強調的是「資源有限」，所謂的經濟，就是要如何妥善分配資源，以達到最大的效益。而領導人在做決策時，當然涉及到企業有限資源，所以領導人決定企業當中的輕重緩急，何種事件需要放置最大的資源，全憑藉著領導人的智慧與敏感度。

當系統出現變化時，若敏感度低反應就可能變慢，此時不是機會失，就是威脅至。特別是當今企業處在一個超競爭的環境中，新的競爭對手不斷的進入，行業內整合不斷的加劇。在這樣一個瞬息萬變的市場環境中，誰能掌握市場的先機，誰能及時把握競爭對手的動態，誰就在競爭中掌握了主動，並能衡量因市場變動，所引起的威脅與商機。企業若能擁有高度市場敏感度，即可憑些許的資料，察覺市場的變化，發現商機的所在，進而利用企業資源修正戰略誤差，快速爭取市場機會，達成企業目標。當然也可憑敏感度，在威脅即將出現時，事先嗅得消息，早一步完成化解危機的部署。因此，高敏感度（highest sensitivity）對企業而言，是一種可以帶來商機及轉機的能力。反之，如果缺乏敏感度企業將流失機會，並難以逃避危機所帶來的威脅。

反之，若領導者擁有對競爭環境的敏銳度，就可以在危機乍現之際，靈敏的調整與閃避，避免危機的擴大；或以其獨特的敏銳度，牢牢抓住潮流的走向，以提升企業的競爭力，爭取市場機會。譬如，以液晶電視機產業為例，若要取得成本領導的地位，就需要具備映像管方面的生產與設備規模、低成本產品設計、自動化裝配、和足以支持研發經費的全球性規模。如果有一家液晶電視機競爭對手，出現其中一部分，屬於關鍵成本優勢的資訊時，領導者就必須審慎研析，並集思廣益提出因應之道。又如在保全服務業方面，成本優勢要靠非常低的管理費用、充沛的廉價勞力、以及因應人員流動率高，所需的高效率培訓流程。換言之，每個企業應注意的面向不同，挑戰也不同！

10.6-3　敏感度範圍

　　領導者要能夠掌握現在，還要能就他所領導的責任範圍內，注意各方面經營管理的重要資訊，對不同時間、不同地點所出現的任何微小事件、暗示、線索，都要保持相當程度的敏銳度。企業所需著重的點，主要有六方面：

1.　經濟環境：

　　　　景氣概況，物價與金融，經濟預測，經濟成長與景氣循環，產業結構之變化，平均人國民所得之變動，消費支出比率與消費支出型態之變動。以上因素所帶動之市場需求變化。

2.　人口統計環境：

　　　　人口總數及增加率，家計單位的變動，結婚及離婚人口的變動，人口之地區分布及其變動，人口之年齡分布及其變動，教育程度的提高，職業婦女的增加。

3.　自然環境：

　　　　原料短缺，能源短缺，勞動力短缺，環境保護運動，自然資源管理要求。

4.　科技環境：

　　　　科技改變速度加快，產品生命週期縮短，研究發展費用大增，安全法規增多。

5.　政治法律環境：

　　　　管制企業及行銷活動的法令變化，政府機構執行法律堅定程度，利益團體影響政府立法。

6.　社會文化環境：

　　　　生活水準與生活品質，消費者保護運動，對企業倫理道德要求升高，文化及次文化的變遷。以上任何一項環境的變動，都

會對企業營運帶來利機或衝擊，所以領導者對其變化應有敏感度。

腦力大考驗

一、以往的領導典範著重在哪裡？知識經濟時代的領導典範又有何不同？為什麼有這樣的轉變？

二、領導理論究竟經過哪些發展的歷程？這些歷程有無特殊的重點或里程碑？

三、《從A到A+》（*Good to Great*）一書，特別提出「第五級領導人」，究竟「第五級領導人」有何特殊之處？

四、古今中外有名的領導人如此之多，是否可將這些領導歸納為某些類別形式？

五、成功的領導者應該要具備哪些特質？並以此衡量自己在哪些方面仍然不足。

六、領導轉型為什麼特別困難？

五南文化廣場

橫跨各領域的專業性、學術性書籍
在這裡必能滿足您的絕佳選擇！

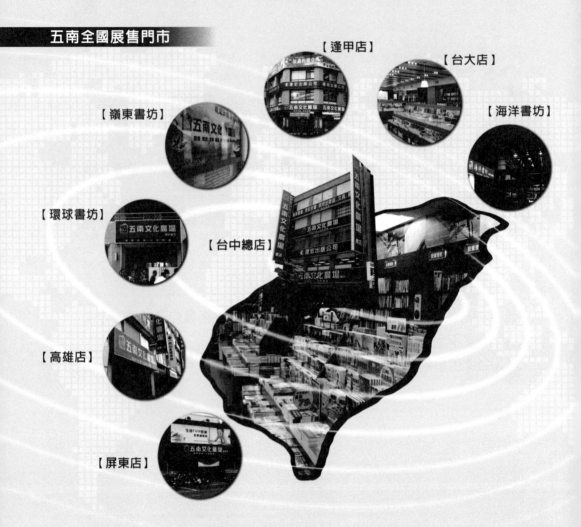

五南圖解財經商管系列

※ 最有系統的圖解財經工具書。
※ 一單元一概念，精簡扼要傳授財經必備知識。
※ 超越傳統書籍，結合實務精華理論，提升就業競爭力，與時俱進。
※ 內容完整，架構清晰，圖文並茂·容易理解·快速吸收。

圖解財務報表分析
/ 馬嘉應

圖解會計學
/ 趙敏希、
馬嘉應教授審定

圖解經濟學
/ 伍忠賢

圖解財務管理
/ 戴國良

圖解行銷學
/ 戴國良

圖解管理學
/ 戴國良

圖解企業管理(MBA學)
/ 戴國良

圖解領導學
/ 戴國良

圖解品牌行銷與管理
/ 朱延智

圖解國貿實務
/ 李淑茹

圖解人力資源管理
/ 戴國良

圖解物流管理
/ 張福榮

圖解策略管理
/ 戴國良

圖解網路行銷
/ 榮泰生

圖解企劃案撰寫
/ 戴國良

圖解顧客滿意經營學
/ 戴國良

圖解企業危機管理
/ 朱延智

圖解作業研究
/ 趙元和、趙英宏、
趙敏希

國家圖書館出版品預行編目資料

企業管理概論／朱延智 著.
--二版.--臺北市：五南, 2014 [民103]
面；　公分
ISBN 978-957-11-7480-8（平裝）
1.企業管理
494　　　　　　　　　102027230

1FP3
企業管理概論

作　　者－朱延智

發 行 人－楊榮川

總 編 輯－王翠華

主　　編－張毓芬

責任編輯－侯家嵐

封面設計－盧盈良

出 版 者－五南圖書出版股份有限公司

地　　址：106台北市大安區和平東路二段339號4樓

電　　話：(02)2705-5066　傳　　真：(02)2706-6100

網　　址：http://www.wunan.com.tw

電子郵件：wunan@wunan.com.tw

劃撥帳號：01068953

戶　　名：五南圖書出版股份有限公司

法律顧問　林勝安律師事務所　林勝安律師

出版日期　2006年3月初版一刷
　　　　　2012年9月初版六刷
　　　　　2014年2月二版一刷
　　　　　2016年3月二版二刷

定　　價　新臺幣380元